BEI GRIN MACHT SICH IHR WISSEN BEZAHLT

- Wir veröffentlichen Ihre Hausarbeit,
  Bachelor- und Masterarbeit

- Ihr eigenes eBook und Buch -
  weltweit in allen wichtigen Shops

- Verdienen Sie an jedem Verkauf

Jetzt bei www.GRIN.com hochladen
und kostenlos publizieren

Sven Scholz

DSC- und Infrarotspektroskopische Untersuchungen am System polyphiles Polymer/Lipidmembran

GRIN Verlag

Bibliografische Information der Deutschen Nationalbibliothek:

Die Deutsche Bibliothek verzeichnet diese Publikation in der Deutschen National-
bibliografie; detaillierte bibliografische Daten sind im Internet über http://dnb.d-
nb.de/ abrufbar.

Impressum:

Copyright © 2012 GRIN Verlag GmbH
Druck und Bindung: Books on Demand GmbH, Norderstedt Germany
ISBN: 978-3-656-30074-8

GRIN - Your knowledge has value

Der GRIN Verlag publiziert seit 1998 wissenschaftliche Arbeiten von Studenten, Hochschullehrern und anderen Akademikern als eBook und gedrucktes Buch. Die Verlagswebsite www.grin.com ist die ideale Plattform zur Veröffentlichung von Hausarbeiten, Abschlussarbeiten, wissenschaftlichen Aufsätzen, Dissertationen und Fachbüchern.

Besuchen Sie uns im Internet:

http://www.grin.com/

http://www.facebook.com/grincom

http://www.twitter.com/grin_com

Bachelorarbeit

zum Thema

DSC- und Infrarotspektroskopische Untersuchungen am System polyphiles Polymer/Lipidmembran

vorgelegt von   Sven Scholz

Abgabeschluss   28.08.2012

Inhaltsverzeichnis

Inhaltsverzeichnis...1

Abkürzungsverzeichnis...2

1. Einleitung...4

   1.1. LIPIDE UND MODELLMEMBRANEN...4

   1.2. POLYPHILE POLYMERE...6

   1.3. ZIEL DER ARBEIT...7

2. Messmethoden..8

   2.1. DIFFERENTIALKALORIMETRIE (DSC)...8

   2.2. INFRAROTSPEKTROSKOPIE (ATR-IR)..9

3. Experimenteller Teil...11

   3.1. VESIKELPRÄPARATION...11

      3.1.1. Erzeugung von Vesikeln eines reinen Lipids...11

      3.1.2. Erzeugung von Vesikeln eines Lipidgemisches...11

   3.2. HERSTELLUNG DER POLYMER-LÖSUNGEN...11

   3.3. EXPERIMENTELLE DURCHFÜHRUNG..12

      3.3.1. DSC-Experimente...12

      3.3.2. ATR-IR-Experimente...12

      3.3.3. DLS-Experimente..13

      3.3.4. Eingesetzte Geräte und Chemikalien...13

4. Auswertung...14

   4.1. DSC-UNTERSUCHUNGEN...14

      4.1.1. Einfluss der Polymere auf die Phasenumwandlung Phosphatidylcholine..................14

      4.1.2. Einfluss der Polymere auf die Phasenumwandlung der Phosphatidylethanolamine. .18

      4.1.3. Temperaturverschiebung in Abhängigkeit der Fettsäurekettenlänge......................21

      4.1.4. Einfluss der Polymere auf DMPC(14:0/14:0):DPPC(16:0/16:0)-Mischungen.............23

      4.1.5. Phasendiagramme der DMPC:DPPC:Polymer-Mischungen...............................27

      4.1.6. Reproduzierbarkeit der DSC-Messungen..28

   4.2. INFRAROTSPEKTROSKOPISCHE UNTERSUCHUNGEN......................................31

5. Zusammenfassung...34

6. Literaturverzeichnis...36

7. Anhang..37

Abkürzungsverzeichnis

DAPC	1,2-Diarachidoyl-*sn*-glycero-3-phosphocholin
DMPC	1,2-Dimyristoyl-*sn*-glycero-3-phosphocholin
DMPE	1,2-Dimyristoyl-*sn*-glycero-3-phosphoethanolamin
DPPC	1,2-Dipalmitoyl-*sn*-glycero-3-phosphocholin
DPPE	1,2-Dipalmitoyl-*sn*-glycero-3-phosphoethanolamin
DSPC	1,2-Distearoyl-*sn*-glycero-3-phosphocholin
POPE	1-Palmitoyl-2-oleoyl-*sn*-glycero-3-phosphoethanolamin

BP	Triblockcopolymer $PGMA_{20}$-PPO_{34}-$PGMA_{20}$
cmc	kritische Mizellbildungskonzentration
F9...F9	Pentablockcopolymer F_9-$PGMA_{20}$-PPO_{34}-$PGMA_{20}$-F_9
F9/C_9F_{19}	perfluorierter Kohlenwasserstoff-Rest
LUV	große unilamellare Vesikel (*englisch:* large unilamellar vesicles)
L_α	Flüssig-kristalline Phase der Lipide
$L_{\beta'}$	Gel-Phase der Lipide
MLV	multilamellare Vesikel (*englisch:* multilamellar vesicles)
PC	Phosphatidylcholine
PE	Phosphatidylethanolamine
PGMA	Poly(1-glycerolmethacrylat)
PPO	Poly(propylenoxid)
$P_{\beta'}$	Rippel-Phase
SUV	kleine unilamellare Vesikel (*englisch:* small unilamellar vesicles)

ATR-IR	Infrarotspektroskopie mit abgeschwächter Totalreflektion (*englisch:* attenuated total reflection infrared spectroscopy)
DLS	Dynamische Lichtstreuung (*englisch:* dynamic light scattering)
DSC	Differentialkalorimetrie (*englisch:* differential scanning calorimetry)

T_U	Umwandlungstemperatur [°C]
ΔT	Temperaturdifferenz [°C]
$\Delta_U H$	Umwandlungsenthalpie [kcal * mol^{-1}]
C_p	Molare Wärmekapazität [kcal * mol^{-1} * °C^{-1}]
P	Heizleistung [kJ * s^{-1} oder kcal * min^{-1}]
β	Heizrate [°C * min^{-1}]
dt	Zeitintervall [s]
x_A	Molenbruch von DPPC in einer DMPC:DPPC-Mischung [-/-]
$\tilde{\nu}$	Wellenzahl [cm^{-1}]

ν_{as}	Antisymmetrische Valenzschwingung
ν_s	Symmetrische Valenzschwingung
ν	Valenzschwingung
δ	Deformationsschwingung
γ	Scherschwingung
IR	infrarot
Schw.	Schwingung
antis.	antisymmetrisch
sym.	symmetrisch

1. Einleitung

1.1. LIPIDE UND MODELLMEMBRANEN

Zellen und Zellorganellen (z.B. Mitochondrien), welche die Grundlage allen Lebens darstellen, sind von Membranen umschlossen. Solche Membranen bestehen zu 40 - 60% aus Lipiden, die man allgemein als Moleküle mit einem hydrophilen und einem hydrophoben Teil betrachten kann, welche durch eine Doppelschichtstruktur das Grundgerüst der Membran bilden.[1] Die Eigenschaft der Lipide sowohl hydrophil als auch hydrophob zu sein, nennt man Amphiphilie. Der oftmals kleine hydrophile Teil eines Lipids wird schematisch als Kugel und die zweifach vorhandenen hydrophoben Fettsäureketten des Lipids als an der Kugel befindliche Linien dargestellt (siehe Abb. 1.1). Übrige Bestandteile sind an die Membran gebundene Kohlenhydrate und Proteine.[1]

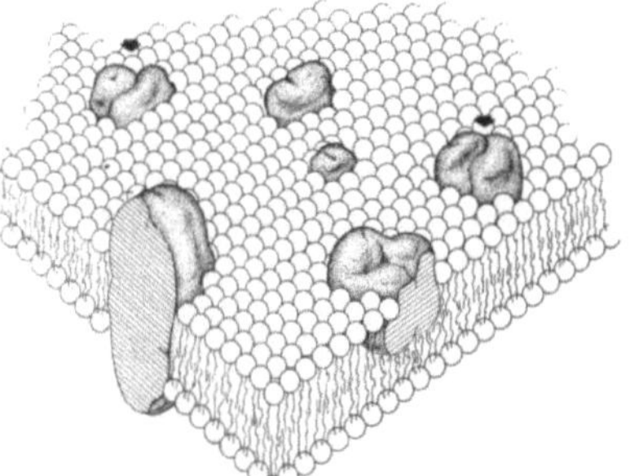

Abbildung 1.1: *dreidimensionaler schematischer Aufbau einer biologischen Membran; bestehend aus einer Lipiddoppelschicht mit eingelagerten Molekülen, z.B. Proteinen*[6]
Die weißen Kugeln symbolisieren die hydrophilen Lipidkopfgruppen und die aufeinander zu gerichteten zweifachen Linien die hydrophoben Fettsäureketten.

Als Vereinfachung zu komplexen biologischen Membranen lassen sich hierbei Modellmembranen heranziehen, die lediglich aus einer Lipiddoppelschicht bestehen, welche durch Selbstaggregation der Lipide in Wasser entsteht.[7] Die Triebkraft der Bildung von Doppelschichten liegt in dem Bestreben der hydrophoben Kettenteile vom Wasser entfernt miteinander wechselzuwirken und gleichzeitig der Wechselwirkung der hydrophilen Kopfteile mit dem umschließenden Wasser.[1] Der hydrophobe Effekt beruht dabei auf der Entropieabnahme des Wassers durch die Störung der ladungsneutralisierenden Funktion des dipolaren Wassermoleküls (Ausrichtung des Dipols entsprechend der umgebenden Ladung) durch unpolare Moleküle.[4] Es erfolgt beispielsweise daher die Abstoßung des Wassers von Kohlenwasserstoffen. Bei hydrophilen Molekülen bzw. Molekülteilen sorgen attraktive Wechselwirkungen wie VAN DER WAALS-Anziehungskräfte und Wasserstoffbrückenbindungen zwischen Wasser und polaren Molekülteilen für eine räumliche Annäherung.[1]

Um das Verhalten von biologischen Membranen zu verstehen und unter Umständen daraus resultierend medizinisch und pharmazeutisch beeinflussen zu können, nutzt man zuvor erwähnte Modellmembranen. Dabei nehmen Vesikel, auch Liposomen genannt, eine besondere Bedeutung ein. Vesikel sind annähernd kugelförmige Gebilde mit einem Durchmesser von 25 nm bis 20 µm, die aus einer (unilamellar) oder mehreren (multilamellar) Lipiddoppelschichten mit einer Dicke von ca. 4 - 6 nm aufgebaut sind (siehe Abb. 1.2 a).[9,10] Hierbei kann man im wesentlichen in kleine unilamellare Vesikel (SUV), große unilamellare Vesikel (LUV) und multilamellare Vesikel (MLV) unterscheiden (siehe Abb. 1.2 b). Vesikel bilden sich unter bestimmten Bedingungen bevorzugt gegenüber planaren Doppelschichten, weil aufgrund der energetisch ungünstigen Endstücke, die eine planare Schicht besitzt, eine abgeschlossene Kugel günstiger sein kann. Dieser Begünstigung entgegen wirkt die Krümmung, denen die Lipidmoleküle in einem Vesikel ausgesetzt sind.[8]

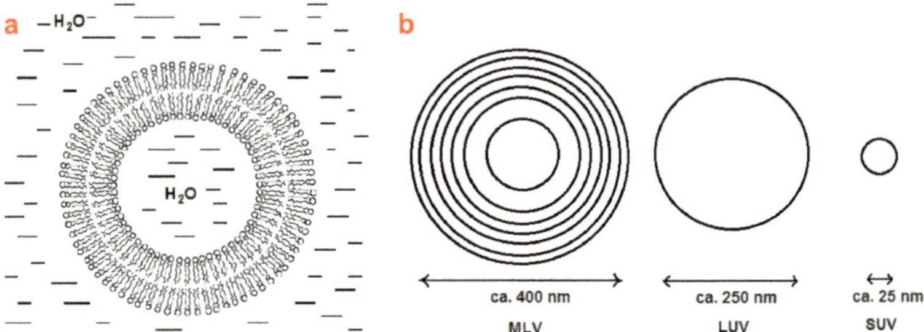

Abbildung 1.2: (a) Schema eines unilamellaren Vesikels, bestehend aus einer Lipiddoppelschicht mit umgebendem Wasser (b) Skizzierung der drei verschiedenartigen Vesikeltypen[9]

Eine Besonderheit der Lipide ist das thermotrope und lyotrophe Phasenverhalten. So können die Lipide in Doppelschichten in einer Gel-Phase ($L_{\beta'}$), Rippel-Phase ($P_{\beta'}$) oder flüssig-kristallinen Phase (L_α), welche eine höhere zweidimensionale Fluidität aufweist, vorkommen. Die vorliegende Phase lässt sich über Temperaturänderung, durch Hydratation der Lipide oder dem pH-Wert beeinflussen. Die Temperatur, bei der der Phasenübergang stattfindet, ist maßgeblich von dem Aufbau der Lipide abhängig.[7] Längere Fettsäureketten und eine höhere Sättigung der Fettsäuren der Lipide bewirken beispielsweise eine Erhöhung der Übergangstemperatur von der Gel- in die flüssig-kristalline Phase.[1,10] Der Phasenübergang zwischen $L_{\beta'}$ und L_α geht mit einer strukturellen Änderung, wie sie in Abbildung 1.3 a zu sehen ist, einher. Durch den höheren Platzbedarf der Kopfgruppen im Vergleich zu den Fettsäurenketten tritt bei Phosphatidylcholinen während des Übergangs von der Gel-Phase zur flüssig-kristallinen Phase zusätzlich die Rippel-Phase (P_β) auf.[9]

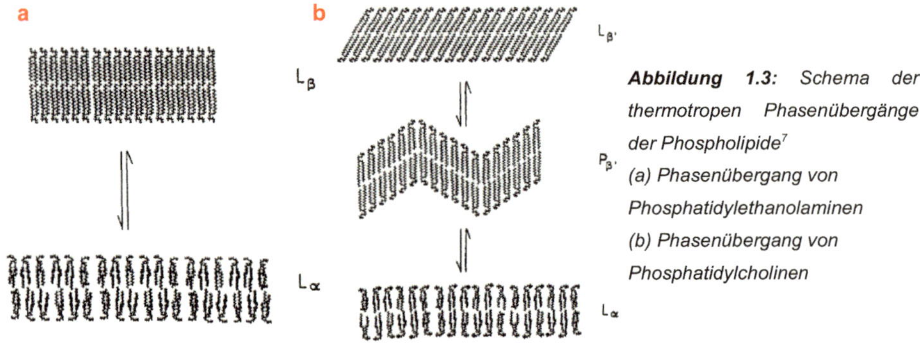

Abbildung 1.3: Schema der thermotropen Phasenübergänge der Phospholipide[7] (a) Phasenübergang von Phosphatidylethanolaminen (b) Phasenübergang von Phosphatidylcholinen

Aus der großen Vielfalt an Lipidmolekülen werden in dieser Arbeit einige Phospholipide (Diester der sn-Glycero-3-phosphorsäure) herangezogen, deren Grundgerüst aus einem veresterten Glycerol bestehen, wobei 2 Hydroxy-Gruppen mit Fettsäuren der Länge C_{14} bis C_{20} und eine Hydroxy-Gruppe mit Phosphorsäure verestert sind.[5,7] An dem Phosphorsäuregerüst hängt zudem eine Cholin- oder Ethanolamin-Kopfgruppe. Somit ergeben sich zweierlei Unterscheidungskriterien, die Länge der Fettsäureketten und die Art der Kopfgruppe. Die allgemeine Struktur dieser Phospholipide ist in Abbildung 1.4 dargestellt.

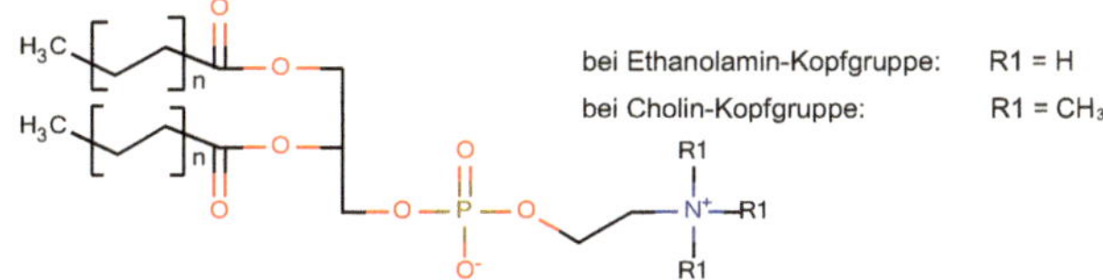

Abbildung 1.4: *allgemeine Struktur eines Phospholipids[5]*

Die variierenden Molekülteile der verwendeten Phospholipide sind in Tabelle 1.1 aufgezeigt. Eine Besonderheit stellt hierbei das POPE dar, weil die veresterten Fettsäuren verschiedene Längen aufweisen, während die übrigen Phospholipide jeweils zwei identische Fettsäureketten beinhalten. Die 18-kettige Fettsäure besitzt dabei an der Position 9 eine cis-Doppelbindung (* 9Z). Zur Verdeutlichung der Zusammensetzung schreibt man die Anzahl der C-Atome der Fettsäuren und ihre Anzahl der ungesättigten C-C-Bindungen in Klammern dazu [z.B. DPPC (16:0/16:0)].

Tabelle 1.1: *Übersicht der verwendeten Phospholipide*

	DMPC	DPPC	DSPC	DAPC	DMPE	DPPE	POPE
R1-Rest	CH₃	CH₃	CH₃	CH₃	H	H	H
Anzahl n	6	7	8	9	6	7	7/8*
Anzahl C-Atome der Fettsäuren	14	16	18	20	14	16	16/18*

1.2. POLYPHILE POLYMERE

Die Struktur beider auf Wechselwirkungen mit den Lipidmembranen zu untersuchender Polymere kann aufgrund der verschiedenen hydrophilen, hydrophoben und fluorophilen Molekülteile schematisch vereinfacht dargestellt werden (siehe Abb. 1.5).[3]

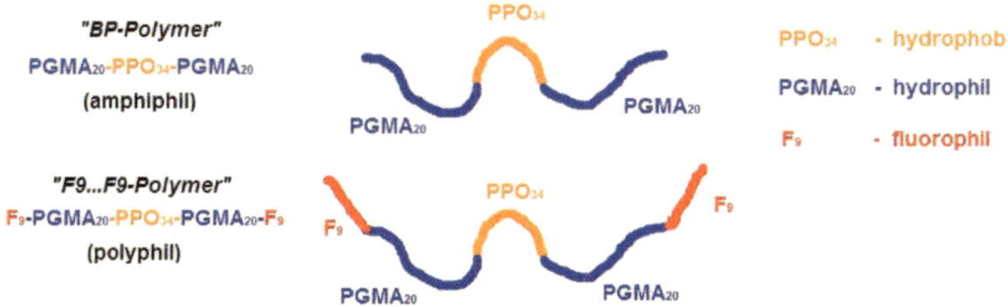

Abbildung 1.5: *schematische Darstellung des amphiphilen Polymers (oben) und polyphilen Polymers (unten)*

Das obere Polymer in Abbildung 1.5, im Folgenden als BP-Polymer bezeichnet, besteht aus einem orange dargestellten Poly(propylenoxid)-Grundgerüst, welches hydrophob bzw. lipophil ist und zwei angrenzenden blau dargestellten hydrophilen Poly(1-glycerolmethacrylat)-Blöcken, die aufgrund ihrer Hydroxyl-Gruppen hervorragend Wasserstoffbrückenbindungen ausbilden können. Dieser Aufbau ermöglicht somit Anordnungen, bei denen die hydrophilen Kopfteile der Lipide mit den $PGMA_{20}$-Blöcken und der hydrophobe PPO_{34}-Block mit den hydrophoben Kettenteilen der Lipide wechselwirken können.

Im unteren Polymer aus Abbildung 1.5, im Folgenden als F9...F9-Polymer bezeichnet, wird das amphiphile BP-Polymer durch Anknüpfen von rot dargestellten fluorophilen C_9F_{19}-Blöcken ergänzt. Die fluorophilen Polymerteile sollten sich von den hydrophilen und hydrophoben Teilen der Lipide und Polymere durch Abstoßung wegorientieren und theoretisch nur mit sich selbst assoziieren.

Die Selbstaggregation ähnlicher Polymere wurde von S. O. Kyeremateng untersucht. Es sind blumenähnliche Polymermizellen denkbar, welche mit längeren PGMA-Blöcken zurückgefaltete Schlaufen bilden. Kürzere PGMA-Blöcke hingegen bewirken eine terminale Stellung der PGMA-Blöcke mit angeknüpften C_9F_{19}-Blöcken. Die kritische Mizellbildungskonzentration (cmc) lag für F_9-$PGMA_{24}$-PPO_{27}-$PGMA_{24}$-F_9 bei 9,5 mM und für F_9-$PGMA_{42}$-PPO_{27}-$PGMA_{42}$-F_9 bei 2,5 mM.[3] Ersterer Wert wird als Näherung für die hier verwendeten Polymere angenommen, da kein experimentell bestimmter Wert vorliegt. Die Strukturformel des 2011 von M.Sc. Zheng Li aus dem AK Prof. Kressler der MLU Halle-Wittenberg in Analogie zur Vorschrift von S. O. Kyeremateng[11] synthetisierten polyphilen Polymeres F_9-$PGMA_{20}$-PPO_{34}-$PGMA_{20}$-F_9 ist in Abbildung 1.6 zu sehen.

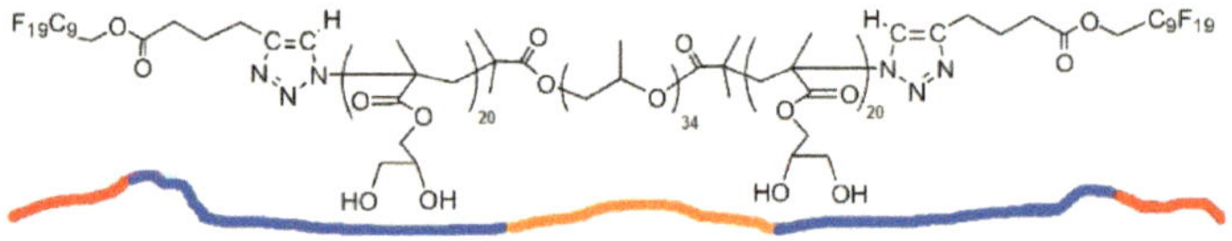

Abbildung 1.6: *Strukturformel von dem F9...F9-Polymer (F_9-$PGMA_{20}$-PPO_{34}-$PGMA_{20}$-F_9)*[11]

Die von Zheng Li experimentell bestimmten Molmassen der Polymere betragen 8555 g/mol für $PGMA_{20}$-PPO_{34}-$PGMA_{20}$ und 9830 g/mol F_9-$PGMA_{20}$-PPO_{34}-$PGMA_{20}$-F_9. Beide Polymere sind in Wasser und Ethanol sehr gut löslich, in Chloroform jedoch eher unlöslich.

1.3. ZIEL DER ARBEIT

Das Ziel dieser Bachelorarbeit soll es sein, die Einflüsse der amphiphilen bzw. polyphilen Polymere auf Modellmembranen (unilamellare 100 nm Vesikel) zu untersuchen und dabei die Veränderungen der Phasenumwandlungen zu beleuchten. Dazu werden temperaturvariable Methoden genutzt. Durch den Einsatz eines Polymeres und eines im Grundgerüst gleichen Polymeres mit perfluorierten Blöcken an den Enden, kann auch auf den Einfluss der perfluorierten Kohlenwasserstoffe auf Modellmembranen Rückschlüsse gezogen werden. Zu untersuchen sind hierbei die Veränderungen durch variierende Lipidkopfgruppen bzw. -kettenteile. Weiterhin ist der Einfluss der Polymere auf die Mischbarkeit der Lipide von Interesse.

2. Messmethoden

2.1. DIFFERENTIALKALORIMETRIE (DSC)

Die in der Einleitung erwähnten Modellmembranen und ihre Phasenumwandlungen können mithilfe der Differentialkalorimetrie (*englisch:* differential scanning calorimetry, DSC) auf ihre thermodynamischen Eigenschaften untersucht werden. Das DSC-Messgerät besteht aus einem wärmeisolierten Gefäß, welches eine Proben- und eine Referenzzelle enthält. Beide werden von sensiblen Heizelementen mit dazugehöriger Regelelektronik umgeben. Der schematische Aufbau ist in Abbildung 2.1 gezeigt.

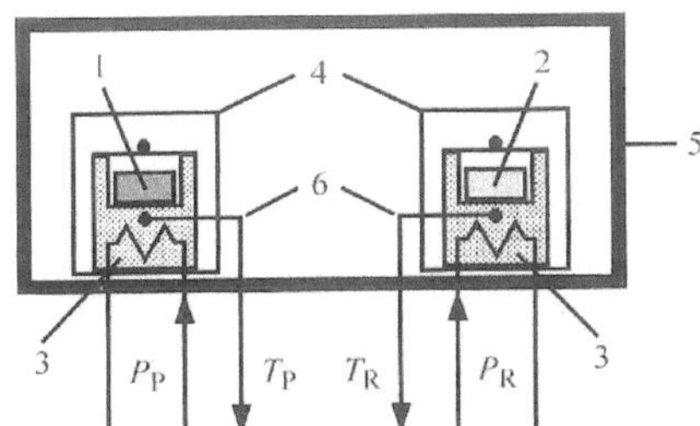

Abbildung 2.1: *schematischer Aufbau eines DSC-Gerätes[1] (1) Probe (2) Referenz (3) Heizelemente (4) thermisch isolierte Gefäße (5) isolierter Mantel für isotherme Umgebung (6) Temperaturfühler*

Beide Zellen werden durch die Heizelemente auf eine identische Temperatur gebracht und anschließend mit einer einstellbaren Heizrate β (°C / min) von der Starttemperatur zur Endtemperatur aufgeheizt, sodass stets die Temperatur beider Zellen gleich sind. Gemessen wird während der Heizphase die nötige Leistung, die von den Heizelementen auf beiden Seiten aufgebracht werden muss.[1]

Die Differenz der benötigten Heizleistungen ergibt sich als:

$$\Delta P = P_{\text{Probenzelle}} - P_{\text{Referenzzelle}}$$

Daraus resultiert die Differenz der Wärmekapazitäten bzw. die Wärmekapazität der Phasenumwandlung als Quotient aus der Heizleistungsdifferenz und der Heizrate:

$$\Delta C(T) = C_{\text{Probenzelle}}(T) - C_{\text{Referenzzelle}}(T) = \Delta P(T)/\beta \equiv C_p.$$

In DSC-Thermogrammen wird die Wärmekapazität der Phasenumwandung C_p bezogen auf 1 mol Lipid gegen die Temperatur aufgetragen. Durch die Doppelanordnung beider Zellen im DSC-Gerät werden Messungenauigkeiten z.B. durch ungenügende Isolierung und Umgebungseinflüsse weitestgehend vermieden.

Aus thermodynamischen Betrachtungen ergibt sich die Fläche unterhalb der Messkurve als Umwandlungsenthalpie für die Phasenumwandlung von $L_{\beta'}$ bzw. $P_{\beta'}$ zu L_α.

$$\Delta_u H = \int_{T_1}^{T_2} C_p(T) \, dt$$

Hierbei muss jedoch zuvor eine Untergrundkorrektur der $C_p(T)$-Kurve und die Subtraktion einer Wasser/Wasser-Messkurve erfolgen, da durch Geräte bedingte Fehler die Basislinie meist von der

Nulllinie abweicht. Die Umwandlungstemperatur der Phasenumwandlung T_u ist jene, die beim Maximalwert der $C_p(T)$-Kurve ($\triangleq C_p^{max}$) dem Abszissenwert entspricht.[1]

Abbildung 2.2 zeigt ein DSC-Thermogramm der Phasenumwandlung von der Gel-Phase zur flüssig-kristallinen Phase für DPPC, indem alle relevanten Parameter gekennzeichnet sind.

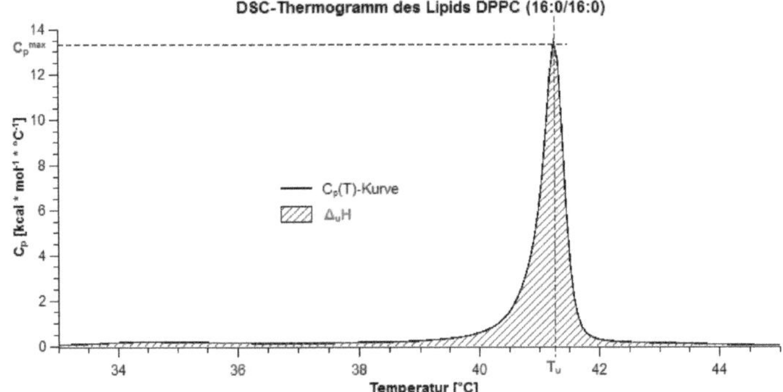

Abbildung 2.2: DSC-Thermogramm einer DPPC-Vesikelsuspension für die Phasenumwandlung $L_{\beta'} \rightarrow L_\alpha$

2.2. INFRAROTSPEKTROSKOPIE (ATR-IR)

Eine gute Ergänzung zur Differentialkalorimetrie bietet die Infrarotspektroskopie, da sich hierdurch Effekte einzelner Molekülteile zeigen lassen, während aus der Differentialkalorimetrie nur Effekte des gesamten Systems hervorgehen. Die IR-Spektroskopie beruht auf der Absorption von Licht im IR-Wellenlängenbereich (800 bis 10^6 nm) durch Anregung von Schwingungen, wobei nur Schwingungen IR-aktiv sind, welche ihr elektrisches Dipolmoment während der Schwingung ändern.[1] Durch Überlagerung mit gleichzeitig angeregten Rotationen kommt es zu vergleichweise breiten Banden in IR-Spektren. In IR-Spektren ist die Absorption oder Transmission der IR-Strahlen gegen die Wellenzahlen (proportional zur Schwingungsenergie) aufgetragen. Die Wellenzahlen hängen von der Bindungsordnung und den Massen der beteiligten Atome ab.

Ein typisches IR-Spektrum ist in Abbildung 2.3 anhand des reinen Phospholipids DPPC zu sehen.

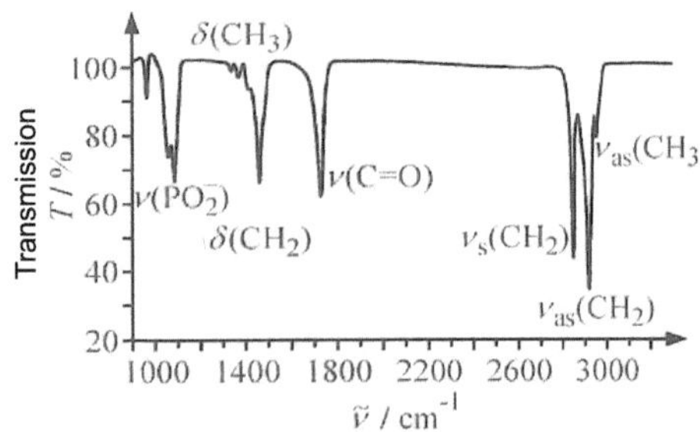

Abbildung 2.3: IR-Spektrum für das reine Phospholipid DPPC[1]

Zu erwartende, deutlich sichtbare Banden für das Lipid/Polymer-System im IR-Spektrum bei den geringen eingesetzten Konzentrationen sind in Tabelle 2.1 dargestellt.

Tabelle 2.1: Banden des Lipid/Polymer-Systems in D_2O mit den entsprechenden Wellenzahlen[1]

Wellenzahl $\tilde{v}$ [cm^{-1}]	Phospholipid-Banden		Wellenzahl $\tilde{v}$ [cm^{-1}]	D_2O-Banden	
	Schwingung	Bemerkung		Schwingung	Bemerkung
2956	v_{as} (CH$_3$)	antis. Valenzschw.	~ 2500	v (D$_2$O)	OD-Streckschw.
2920	v_{as} (CH$_2$)	antis. Valenzschw.	1555	v (D$_2$O)	Assoziationschw.
2850	v_s (CH$_2$)	sym. Valenzschw.	1215	γ (D$_2$O)	Scherschw.
1740	v (C=O)	Valenzschw.			
1468	δ (CH$_2$)	Deformationsschw.			
1250	v_{as} (PO$_2^-$)	antis. Valenzschw.			
1085	v_s (PO$_2^-$)	sym. Valenzschw.			

Methodisch verwendet man eine Strahlenführung mittels Totalreflexion (siehe Abb. 2.4). Dabei wird der der IR-Strahl durch einen geschliffenen ZnSe/Si - Kristall, auf dem sich die Probe befindet, gelenkt, wobei mehrere Reflexionen im Kristall auftreten bis der Strahl wieder austritt und zum Detektor geleitet wird. Bei jeder Reflexion im Kristall breiten sich evaneszente Wellen mehrere 100 nm in die Probe hinein

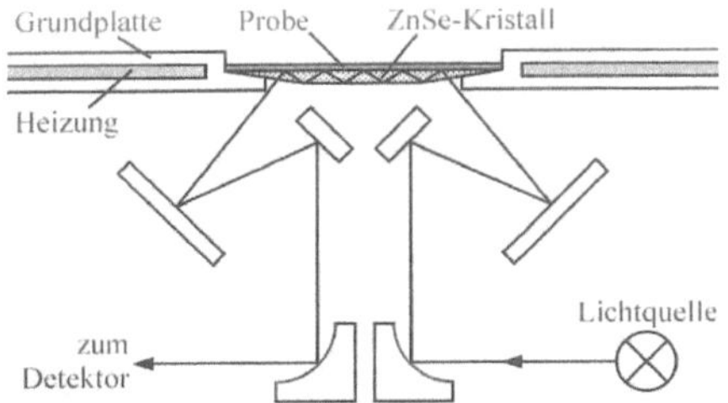

Abbildung 2.4: *Aufbau eines ATR-IR-Spektrometers[1]*

aus. Ist die Probe IR-aktiv, wird der IR-Strahl abgeschwächt, da Absorption in der Probe erfolgt.[1] Durch Temperierung der gesamten Messzelle, kann der Phasenübergang durch Temperaturänderung hervorgerufen und mittels IR-Spektren verfolgt werden. Bei verdünnten Vesikel-Suspensionen eignen sich die antisymmetrischen und symmetrischen CH$_2$-Valenzschwingungen der Phospholipide besonders, da sie zum einen sehr starke Absorptionsbanden zeigen und zum anderen Auskunft über die Konformation (gauche ↔ trans) geben. Aus der Position der Banden kann für jede Temperatur die Wellenzahl der jeweiligen Schwingung abgelesen werden. Größere Wellenzahlen der CH$_2$-Schwingungen bedeuten einen höheren Anteil an gauche-Isomeren und gleichzeitig eine geringere Ordnung der Fettsäurenketten, da geordnetere trans-Isomere in ungeordnetere gauche-Isomere (Rotation um eine C-C-Achse) übergehen.[1,14] Sie spiegeln damit den Phasenzustand der Modellmembran wieder. Während des Phasenübergangs von der Gel-Phase zur flüssig-kristallinen Phase steigt der Anteil der gauche-Isomere stark an, wodurch die Wellenzahlen bei der Umwandlungstemperatur sprunghaft größer werden. Gleichzeitig führen die kürzeren gauche-Konformationen in den Acylketten zu einer Verringerung der Membrandicke. Die Absorptionsbanden im IR-Spektrum werden daher mit steigender Temperatur des Systems nach links (zu größeren Wellenzahlen) verschoben.[1,14]

3. Experimenteller Teil

3.1. VESIKELPRÄPARATION

3.1.1. Erzeugung von Vesikeln eines reinen Lipids

Um eine Vergleichbarkeit der Messungen bzw. der vermessenen Systeme zu ermöglichen, versucht man unilamellare Vesikel zu erzeugen, da multilamellare Vesikel hauptsächlich in den äußeren Schichten wechselwirken. Zweckmäßigerweise wählt man hierbei einen Vesikeldurchmesser von 100 nm, weil in einem solchem Vesikel keine kleineren Vesikel eingeschlossen sein können.[10] Der zur Verfügung stehende Raum wäre hierbei zu klein.

Das entsprechende Lipid wird zunächst in fester Form auf einer Analysenwaage eingewogen und anschließend in einer definierten Wassermenge aufgenommen, wobei hierbei eine Konzentration von 2 mM eingestellt wird (2 µmol Lipid pro 1 ml H_2O). Diese Suspension wird bis zur sichtbaren Homogenisierung im Ultraschallbad 10 °C über der Umwandlungstemperatur des Lipids ca. 10 min beschallt. Nun folgt die Extrusion mithilfe eines Extruders der Firma Avanti Polar Lipids, wobei im Extruder eine 100 nm Polycarbonat-Membran verwendet wird. Bei einer Temperatur von 20 °C oberhalb der Phasenumwandlungstemperatur des Lipids wird die Vesikel-Suspension in zwei 1 ml-Glasspritzen wechselseitig ca. 30 mal durch den Extruder bzw. die Membran gedrückt. Die Suspension sollte dabei durchsichtig werden, weil Vesikel mit einer Größe von 100 nm Lichtwellen des Wellenlängenbereichs von sichtbarem Licht optisch nicht brechen. Wichtig ist die Suspension sofort bei unter 4 °C kalt zu lagern nachdem sie extrudiert wurde, um eine Veränderung der Vesikel aufgrund der Fluidität der Phospholipide zu vermeiden.

Für die Messungen am ATR-IR-Spektrometer werden in analoger Weise 15 mM-Lipidsuspensionen in D_2O als Lösungsmittel hergestellt.

3.1.2. Erzeugung von Vesikeln eines Lipidgemisches

Um Vesikel herzustellen, die eine Doppelschicht bestehend aus verschiedenartigen Lipiden besitzen, muss man die zu vermischenden Lipide zuvor als Chloroformlösungen einzeln herstellen und im gewünschten Verhältnis zusammenmischen. Ein Mischen von wässrigen Lipid-Suspensionen würde zu verschiedenen Vesikeltypen führen, die jeweils mehrheitlich aus nur einem Lipid bestehen. Diese Chloroformlösung wird über Stickstoffgasstrom bis zur Trockene eingedampft und zur absoluten Entfernung des Chloroforms im Vakuumtrockenschrank bei 40 °C unter Vakuum (< 5 mbar) 1 h aufbewahrt. Das Lipidgemisch wird wie bei den reinen Lipiden mit Wasser aufgenommen (gesamte Lipidkonzentration 2 mM) und entsprechend der Vorgehensweise im Kapitel 3.1.1. homogenisiert, extrudiert und bis zur Verwendung kalt (< 4 °C) gelagert.

3.2. HERSTELLUNG DER POLYMER-LÖSUNGEN

Wie bei den Vesikeln werden die Polymere als verdünnte wässrige Lösungen für die Verwendung präpariert. Weil die Lipide mit einer Konzentration von 1 mM eingesetzt werden und bei den DSC-

Messungen als höchstes Lipid/Polymer-Stoffmengenverhältnis 20/1 vermessen wird ($\triangleq$ 0,05 mM), ist es ausreichend eine 0,1 mM Polymer-Stammlösung durch Einwiegen der Polymermasse und Aufnehmen mit dem entsprechendem Wasservolumen herzustellen. Einzig für die Messungen am ATR-IR-Spektrometer werden auch 1 mM Polymer-Stammlösungen mit D_2O als Lösungsmittel benötigt. Beim Reinigen von Geräten ist wegen den in Kapitel 1.2. beschriebenen Löslichkeiten entweder Ethanol oder ein Chloroform/Methanol-Gemisch zu verwenden.

3.3. EXPERIMENTELLE DURCHFÜHRUNG

3.3.1. DSC-Experimente

Die DSC-Experimente wurden an einem Flüssigkeitskalorimeter Microcal VP-DSC (MicroCal Inc.) mit einer Heizrate von 1 °C / min durchgeführt. Als Start- und Endtemperaturen wurden jeweils ± 20 °C um die Umwandlungstemperatur des Phospholipids eingestellt. Hierbei muss auf die Hydrolyse der Ester-Gruppen der Phospholipide geachtet werden, die bei höheren Temperaturen und unter Umständen auch durch die Polymere (saure Zentren) begünstigt wird. Um das zu vermessende System ins chemische Gleichgewicht zu bringen, wird das gesamte System mehrmals aufgeheizt und abgekühlt. Zur Auswertung dienten die jeweils dritten Aufheizkurven, bei denen sich die Gleichgewichte der Systeme eingestellt haben.

Für die DSC-Messungen werden die separat hergestellten Vesikel-Suspensionen mit den Polymerlösungen jeweils frisch gemischt, wobei 500 µl des Systems in wässriger Lösung zum Befüllen der Probenzelle im Kalorimeter nötig sind. Vermessen werden 1 mM-Suspensionen, wobei die Konzentration an Lipid immer konstant bleibt und die Polymerkonzentration variiert wird. Bei den Lipidmischungen wird die Konzentration beider Lipide zusammen auf 1mM eingestellt. Als Lipid/Polymer-Stoffmengenverhältnisse wurden 20/1, 50/1, 100/1 und 500/1 ausgewählt, um sowohl den Einfluss von wenigem Polymer auf die Modellmembran als auch den Einfluss von Polymer im etwaigen Masseverhältnis von 1:2 auf die Modellmembran zu untersuchen. Damit die Ergebnisse von Einflüssen durch das Suspensionsmittel Wasser und Einflüssen des DSC-Messgerätes befreit sind, wird zum einen in der Referenzzelle destilliertes Wasser eingesetzt und zum anderen eine Wasserbasislinie mit destilliertem Wasser in Referenz- und Probenzelle gemessen, die später von den Aufheizkurven abgezogen wird.

Eine finale Korrektur der Aufheizkurven erfolgt nach der Subtraktion der Wasserbasislinie, indem die Messwerte außerhalb der Umwandlungspeaks per Hand als Grundlinie (entspricht $C_p = 0$ kcal $*$ mol$^{-1}*$ °C^{-1}) definiert werden. Zur Auswertung wird sowohl der Verlauf der Aufheizkurven als auch die Umwandlungsenthalpie (Peakfläche) und Umwandlungstemperatur (Abszissenwert bei Maximum des Peaks) genutzt.

3.3.2. ATR-IR-Experimente

Am IR-Spektrometer Tensor 27 von Bruker werden die Proben bei verschiedenen Temperaturen gemessen. Die Messzelle wird über einen wasserbefüllten Thermostaten Haake C25P temperiert.

Nach dem Reinigen und Temperieren der Bio-ATR-Messzelle (auf Umwandlungstemperatur) wird ein Hintergrundspektrum der leeren Messzelle aufgenommen. Anschließend wird die wässrige (D_2O) Probe, die 9 mM Lipid (DPPC) und entsprechend dazu 1/50 bzw. 1/100 Teile Polymer enthält, in die Messzelle gegeben. Durch die automatische Temperatursteuerung wird nun von 30 °C bis 50 °C in 1 °C - Schritten jeweils ein IR-Spektrum aufgenommen. Da die Lösungen stark verdünnt sind, werden als Referenz D_2O-Spektren für die gleichen Temperaturen aufgenommen und zur Auswertung von den Probenspektren abgezogen. Damit bleiben nur die Banden im Spektrum übrig, die durch das Lipid bzw. Lipid/Polymer-System erzeugt werden. Die Auswertung wird mithilfe der Software „OPUS" durchgeführt indem man nach Subtraktion der D_2O-Spektren die Bandenmaxima ausliest.

3.3.3. DLS-Experimente

Die frisch extrudierten Vesikel-Suspensionen werden mithilfe der dynamischen Lichtstreuung auf ihre Verteilung der hydrodynamischen Radien überprüft. Ideal wären hierbei ca. 50 nm nach zuvor durchgeführter Extrusion. Für die dynamischen Lichtstreuungs-Experimente wurde ein ALV-NIBS/HPPS Spektrometer (ALV-Laser der Vertriebsgesellschaft m.b.H.) und 1 ml Einwegküvetten von der Firma Brand verwendet, wobei ca. 20 µl Suspension in eine Einwegküvette pipettiert werden. Mit destilliertem Wasser wird bis oberhalb des Licht durchstrahlten Bereiches aufgefüllt und die Küvette in das Gerät eingesetzt. Daran anschließend erfolgt ein Temperieren auf 22 °C, dreimaliges Messen und das Anpassen der Auto-Korrelation.

3.3.4. Eingesetzte Geräte und Chemikalien

Gerät	Typ, Hersteller	Chemikalien	Hersteller
Differentialkalorimeter	MicroCal VP-DSC, MicroCal Inc./ Northampton (USA)	Chloroform / Methanol / Ethanol (p.a. > 99 %)	Carl Roth GmbH, Karlsruhe (D)
Infrarot-Spektrometer	Tensor 27, Bruker Optics GmbH, Ettlingen (D)	Phospholipide: DMPC / DPPC / DMPE / DPPE	Genzyme GmbH, Neu-Isenburg (D)
Thermostat für Infrarot-Spektrometer	Haake C25P, Gebr. Haake GmbH, Karlsruhe (D)	Phospholipide: DSPC / DMPC	A. Nattermann & Cie. GmbH, Köln (D)
ALV-NIBS/HPPS Spektrometer	ALV-Laser Vertriebsgesellschaft m.b.H., Langen (D)	D_2O (p.a. > 99 %) / Phospholipid: DAPC	Sigma Aldrich, St. Louis (USA)
Reinstwasseranlage	Milli-Q Advantage A10, Merck Millipore, Billerica (USA)	Phospholipid: POPE	Avanti Polar Lipids Inc., Alabama (USA)
Extruder	Avanti Polar Lipids Inc., Alabama (USA)	polyphile Polymere	Synthese M.Sc. Zheng Li (2011)
Vakuumtrockenschrank	Heraeus Instruments GmbH, Hanau (D)		

4. Auswertung

4.1. DSC-UNTERSUCHUNGEN

4.1.1. Einfluss der Polymere auf die Phasenumwandlung der Phosphatidylcholine

Um die Phasenumwandlung von $L_{\beta'} \rightarrow L_\alpha$ bei Phosphatidylcholinen zu untersuchen, bietet es sich an, Phosphatidylcholine mit unterschiedlicher Fettsäurekettenlänge auszuwählen und Messreihen mit variabler Polymerkonzentration durchzuführen. Da für wässrige Suspensionen nur ein Messbereich von 0 - 100°C infrage kommt, erfolgt die Untersuchung an den geeigneten Phospholipiden DMPC, DPPC, DSPC und DAPC (14, 16, 18 und 20 C-Atome in den Fettsäureketten). In den folgenden DSC-Thermogrammen (Abb. 4.1 bis 4.4, 4.6 bis 4.8 und 4.12 bis 4.16) ist jeweils das reine Lipid als 1 mM wässrige Suspension (schwarze Linien), das Lipid gleicher Konzentration als Messreihe mit dem Pentablockcopolymer F_9-$PGMA_{20}$-PPO_{34}-$PGMA_{20}$-F_9 / *F9...F9* (orange Linien) und dem Triblockcopolymer $PGMA_{20}$-PPO_{34}-$PGMA_{20}$ / *BP* (blaue Linien) zu sehen, wobei in der Wasserfalldarstellung die Polymerkonzentration zur Kopfzeile hin zunimmt. Die Polymerkonzentration (in mM) entspricht aufgrund konstanter Lipidkonzentration von 1 mM immer dem Kehrwert des Lipid/Polymer-Verhältnisses. Das Verhältnis von Lipid zu Polymer ist der Beschriftung an den Messkurven zu entnehmen.

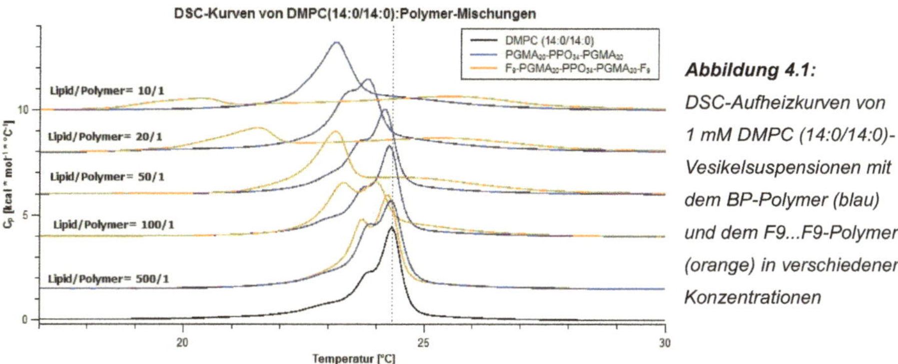

Abbildung 4.1:

DSC-Aufheizkurven von 1 mM DMPC (14:0/14:0)-Vesikelsuspensionen mit dem BP-Polymer (blau) und dem F9...F9-Polymer (orange) in verschiedenen Konzentrationen

Es zeigt sich für die Messreihen des Lipids DMPC (14:0/14:0) [Abb. 4.1] ein Abfall der Umwandlungstemperatur T_u, der mit steigender Polymerkonzentration an Stärke gewinnt. Die unterhalb der Umwandlungstemperatur vorliegende Gel-Phase wird demnach durch beide Polymere destabilisiert, sodass der Phasenübergang bereits bei geringerer Temperatur erfolgt. Die Ursache liegt in der Absenkung des chemischen Potenzials durch Beimengung einer zusätzlichen Komponente ähnlich einer Gefrierpunktserniedrigung für flüssig/fest-Phasenübergänge. Ein weiterer Grund für eine Temperaturerniedrigung kann der Einbau (Insertion) des hydrophoben Polymerteiles in die Membran sein.[12,13] Eine Insertion der perfluorierten Polymerteile in die Lipidmembran ist ebenfalls denkbar.[11] Eine Besonderheit tritt zudem bei der Messreihe des DMPCs mit dem F9...F9-Polymer auf, da hier eine Aufteilung der Phasenumwandlung (2 getrennte

Peaks im Thermogramm) erfolgt. Auch bei einem Polymer ähnlicher Struktur von S. O. Kyeremateng erfolgte diese Separation der Peaks bei der DMPC:Polymer-Messreihe.[11] Dieser Effekt tritt, um es an dieser Stelle vorweg zunehmen, nur bei den DMPC:F9...F9-Polymer-Mischungen auf. Der Grund hierfür liegt in einer Heterogenität der gebildeten Aggregate bzw. einer Domänenbildung (Phasensegregation), was bedeutet, dass Lipid-Polymer-Aggregate mit höherem Polymeranteil und damit auch einer kleineren Umwandlungstemperatur und Vesikel mit einer dem reinen Lipid ähnlichen Umwandlungstemperatur entstehen.[14]

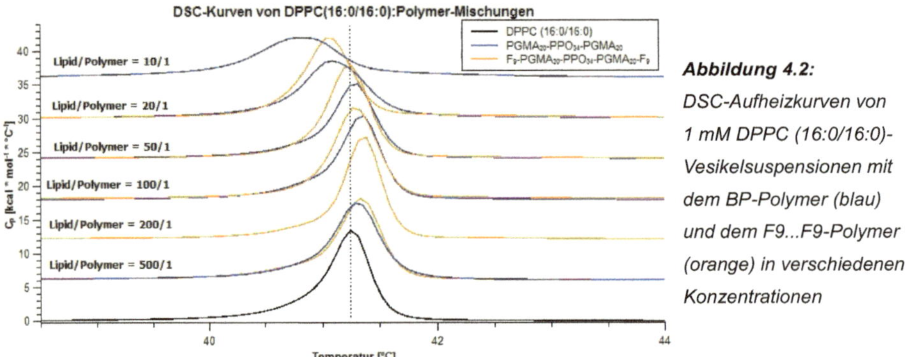

Abbildung 4.2:
DSC-Aufheizkurven von 1 mM DPPC (16:0/16:0)-Vesikelsuspensionen mit dem BP-Polymer (blau) und dem F9...F9-Polymer (orange) in verschiedenen Konzentrationen

Die DSC-Messreihen für DPPC (16:0/16:0) [Abb. 4.2], welches lediglich um zwei CH_2-Gruppen pro Fettsäurenkette verlängert ist, weisen keine Domänenbildung wie beim DMPC auf. Die Umwandlungstemperatur fällt mit steigender Polymerkonzentration ab, wobei bemerkenswert ist, dass bis zu einem Lipid/Polymer-Verhältnis von etwa 100/1 die Umwandlungstemperatur zunächst ansteigt. S. O. Kyeremateng fand für seine DPPC:Polymer-Messreihe ein ähnliches Resultat, obwohl bei geringer Polymerkonzentration im Gegensatz zu den Messreihen in Abbildung 4.2 keine positive Verschiebung der Umwandlungstemperatur auftrat.[11]

Die Stabilisierung der Gel-Phase lässt sich durch Ausbildung von Wasserstoffbrücken (z.B. durch Hydroxy-Gruppen der $PGMA_{20}$-Polymerblöcke) oder Hydratationseffekte der Kopfgruppen erklären.[11,14] Der Einfluss der beiden Polymere unterscheidet sich nur geringfügig, wobei das F9...F9-Polymer schmalere Peaks, also demnach eine höhere Kooperativität des Phasenübergangs erster Ordnung, verursacht.[1,11] Das Verhältnis 100/1 entspricht bei 1 mM Lipid-Suspensionen einer Polymerkonzentration von 10 µM und damit läge es im Bereich der cmc der von S. O. Kyeremateng untersuchten Polymere.[3,11]

Zudem wird deutlich, dass die Verschiebung der Umwandlungstemperatur durch mindestens zwei entgegengesetzt wirkende Effekte hervorgerufen wird, die je nach Gewichtung eine Stabilisierung (Erhöhung der Umwandlungstemperatur) oder eine Destabilisierung (Erniedrigung der Umwandlungstemperatur) der Gel-Phase verursachen. Eine genauere Betrachtung der gegenläufigen Effekte erfolgt in 4.1.3. im Zuge einer Zusammenstellung der Ergebnisse.

In Analogie zu den Lipiden DMPC und DPPC stehen auch die Messreihen von DSPC (18:0/18:0) [Abb. 4.3] und DAPC (20:0/20:0) [Abb. 4.4], welche nochmals um zwei bzw. vier CH_2-Gruppen in den Fettsäuren länger sind.

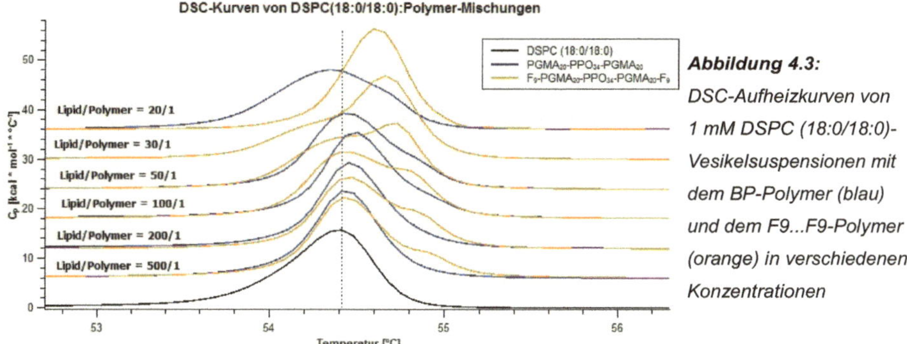

Abbildung 4.3:

DSC-Aufheizkurven von 1 mM DSPC (18:0/18:0)-Vesikelsuspensionen mit dem BP-Polymer (blau) und dem F9...F9-Polymer (orange) in verschiedenen Konzentrationen

Die Messreihe von DSPC [Abb. 4.3] mit dem BP-Polymer gleicht dem des DPPC mit selbigen Polymer, während das F9...F9-Polymer bei niedrigen Polymerkonzentrationen (Verhältnis 100/1 oder 500/1) eine Art Schulter des Peaks zeigt, welche zunehmend größer wird und schließlich den Peak selbst bildet (bei einem Verhältnis von 20/1). Zu erkennen ist, dass der Anstieg der Umwandlungstemperatur bis zu einem Lipid/Polymer-Verhältnis von 50/1 (DSPC / BP-Polymer) erfolgt. Gegenüber DPPC bedeutet dies, dass das längere Lipid DSPC für bessere Kopfgruppenwechselwirkungen wie Wasserstoffbrücken sorgt und die Stabilisierung über einen größeren Konzentrationsbereich dem destabilisierenden Effekt überwiegt.

Das F9...F9-Polymer scheint eine Phasensegregation ähnlich wie beim DMPC hervorzurufen, wobei ab einem Verhältnis von 50/1 die kopfgruppenstabilisierte Phase überwiegt.

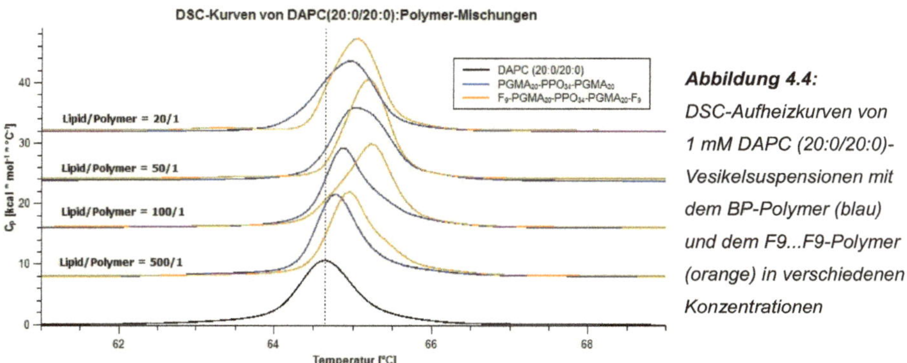

Abbildung 4.4:

DSC-Aufheizkurven von 1 mM DAPC (20:0/20:0)-Vesikelsuspensionen mit dem BP-Polymer (blau) und dem F9...F9-Polymer (orange) in verschiedenen Konzentrationen

Im DSC-Thermogramm für DAPC [Abb. 4.4] erfolgt nun über alle gemessenen Lipid/Polymer-Verhältnisse eine positive Verschiebung der Umwandlungstemperatur, was bedeutet, dass hier die Kopfgruppenwechselwirkungen den Kettenwechselwirkungen überwiegen. Eigentlich könnte man auch erwarten, dass mit größerem prozentualem Masseanteil und räumlicher Ausdehnung der Fettsäuren ihre Wechselwirkungen an Bedeutung gewinnen, jedoch scheinen die destabilisierenden Wechselwirkungen einer Insertion des Polymers in die Lipidmembran bei längeren Phospholipiden wie DAPC ungünstiger. Das kann an der Größe oder auch der Stärke der Lipidmembran liegen. Für DAPC kann man eine größere und energetisch ungünstige Grenzfläche zwischen insertiertem Polymer und den Fettsäureketten erwarten, da die DAPC-Lipidmembran eine größere Dicke[8,9] aufweist (entspricht der Länge der wechselwirkenden Grenzflächen). Zum anderen bedeutet eine höhere Umwandlungsenthalpie und -temperatur des reinen DAPCs gegenüber kürzeren Phosphatidylcholinen, dass die Membran stärker zusammengehalten wird und daher auch einer Insertion besser widersteht.

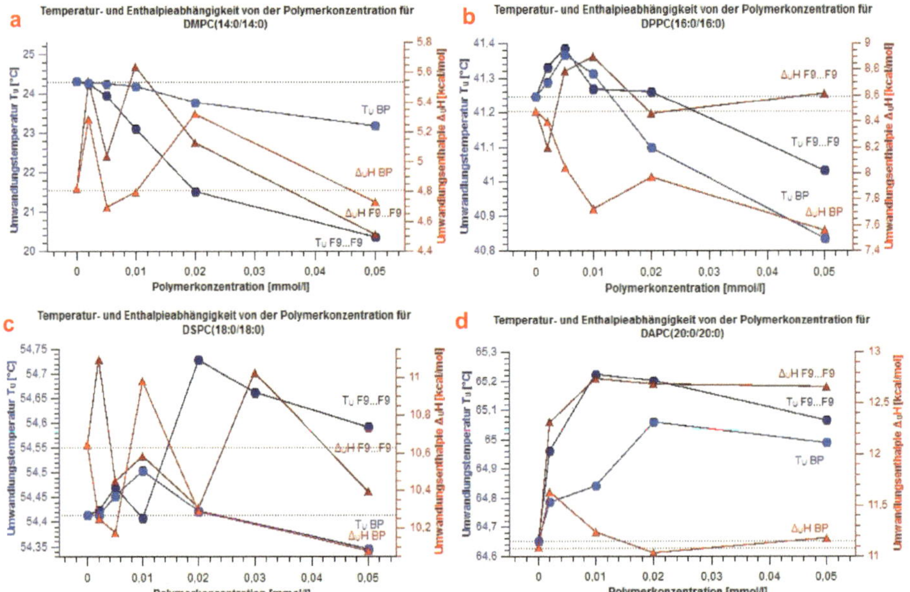

Abbildung 4.5 a-d: *Änderungen der Umwandlungstemperatur (linke Skala, blaue Kreise) und Umwandlungsenthalpie (rechte Skala, rote Dreiecke) der vier vermessenen 1 mM Suspensionen der Phosphatidylcholine in Abhängigkeit von den Polymerkonzentrationen*

Aus Abbildung 4.5 a-d gehen sowohl die Temperaturänderungen (blaue Kreise) als auch die Enthalpieänderungen (rote Dreiecke) der vier Phosphatidylcholine in Abhängigkeit von der Polymerkonzentration (Polymer im Verhältnis zu 1 mM Lipid) hervor.

In Abbildung 4.5 b, c (blau) und d lässt sich gut erkennen, dass das Verschiebungsmaximum der Umwandlungstemperatur der Lipide bei 0,007 - 0,01 mM Polymerkonzentration liegt, was der kritischen Mizellbildungskonzentration zu zuordnen ist. Daraus kann man schlussfolgern, dass die Polymer-Mizellisierung an diesem Verlauf Anteil hat. In Abbildung 4.5 a wird der zuvor schon erwähnte starke Abfall der Umwandlungstemperatur bei DMPC mit zunehmender Polymerkonzentration deutlich, welcher durch das F9...F9-Polymer und die erfolgte Separation der Peaks bei einem Verhältnis von 20/1 um ca. 3 °C größer ausfällt als bei dem BP-Polymer.

Besonderheiten der Enthalpieänderungen (rote Dreiecke) sind nur bei DAPC mit F9...F9-Polymer (Abb. 4.5 d, dunkelrot) und DPPC mit BP-Polymer (Abb. 4.5 b, rot) zu erkennen. Da die Abweichungen größer als der messmethodische Fehler von ± 5%[9] sind, sind hier vermutlich Mizellisierungseffekte des Polymers und das Konformationsverhältnis der Lipide die Ursache. Im Falle von DAPC wird zusätzlich die Stabilisierung der Gel-Phase einen größeren Enthalpiesprung zwischen den Phasen und damit eine größere Umwandlungsenthalpie verursachen.[13]

Für alle 4 Phosphatidylcholine wurde bei den vorausgegangen Betrachtungen die Vorumwandlung (Gel-Phase → Rippel-Phase) vernachlässigt, da aufgrund der geringen Lipidkonzentration von 1 mM eine Unterscheidung von der Basislinie nur schwer möglich war. Auffällig war hierbei die Abnahme der Peakfläche und -höhe der Vorumwandlung bei Zugabe der Polymere bis zum Verschwinden bei größeren Polymerkonzentrationen (z.B. Verhältnis 20/1).

4.1.2. Einfluss der Polymere auf die Phasenumwandlung der Phosphatidylethanolamine

Desweiteren kann man die Phosphatidylethanolamine (PE) untersuchen, die strukturell eine starke Ähnlichkeit mit den Phosphatidylcholinen aufweisen und sich nur durch eine räumliche kleinere Kopfgruppe unterscheiden, da die Methyl-Gruppen am Stickstoffatom durch kleinere Wasserstoffatome ersetzt sind. Da die Phosphatidylethanolamine durch die eben erwähnten Wasserstoffatome besser Wasserstoffbrücken im Wasser ausbilden können, weisen sie bei gleicher Fettsäurekettenlänge höhere Umwandlungstemperaturen auf.[1,7] So kommen für den Temperaturbereich von flüssigem Wasser beispielsweise die Lipide DMPE (14:0/14:0), DPPE (16:0/16:0) und POPE (16:0/18:1), welches als Besonderheit unter den vermessenen Lipiden eine cis-Doppelbindung in der 18-kettigen Fettsäure aufweist, in Frage. Die Darstellungsweise der Thermogramme ist analog zu den in Kapitel 4.1.1. behandelten Phosphatidylcholinen.

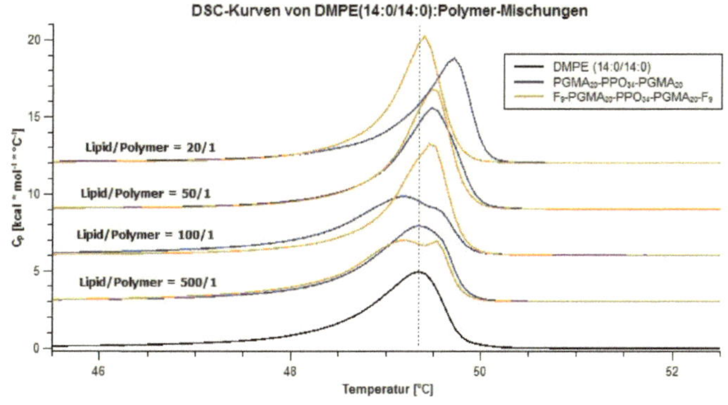

Abbildung 4.6:

DSC-Aufheizkurven von 1 mM DMPE (14:0/14:0)-Vesikelsuspensionen mit dem BP-Polymer (blau) und dem F9...F9-Polymer (orange) in verschiedenen Konzentrationen

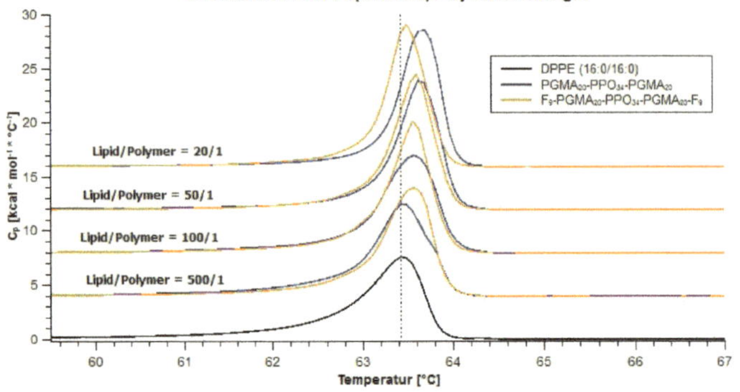

Abbildung 4.7:

DSC-Aufheizkurven von 1 mM DPPE (16:0/16:0)-Vesikelsuspensionen mit dem BP-Polymer (blau) und dem F9...F9-Polymer (orange) in verschiedenen Konzentrationen

Da sich die DSC-Thermogramme von DMPE (14:0/14:0) [Abb. 4.6] und DPPE (16:0/16:0) [Abb. 4.7] stark ähneln, lässt sich die Beschreibung für beide Lipide zusammenfassen. Die Messreihen mit dem BP-Polymer zeigen für beide Lipide größer werdende Peaks, die mit steigender Polymerkonzentrationen zu höheren Temperatur verschoben sind. Es tritt also über den gesamten Bereich eine Stabilisierung der Gel-Phase durch die Kopfgruppenwechselwirkungen mit dem Polymer und umgebenden Wasser über Wasserstoffbrücken auf.[9] Wird jedoch das Pentablockcopolymer zugegeben, findet ab einem Lipid/Polymer-Verhältnis von 50/1 wieder eine Destabilisierung statt, deren Ursache aufgrund der zugrunde liegenden Messkurven auf die perfluorierten Blöcke zurückzuführen ist. Trotz der anfänglichen Stabilisierung wird womöglich durch die steigende Anzahl der Polymermoleküle eine Insertion in die Lipidmembran erzwungen, die für eine Erniedrigung der Umwandlungstemperatur für das Verhältnis 20/1 gegenüber 50/1 sorgt.

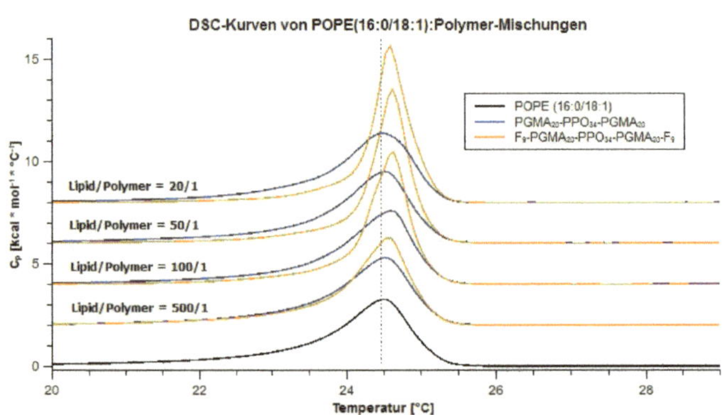

Abbildung 4.8:

DSC-Aufheizkurven von 1 mM POPE (16:0/18:1)-Vesikelsuspensionen mit dem BP-Polymer (blau) und dem F9...F9-Polymer (orange) in verschiedenen Konzentrationen

Wie zuvor schon erwähnt, weist POPE (16:0/18:1) [Abb. 4.8] als einziges Lipid in dieser Arbeit ungleiche Fettsäuren auf, wobei die 18-kettige Fettsäure eine cis-Doppelbindung enthält. Trotz dieser Besonderheit weisen die Messreihen kaum Verschiebung bezüglich der Umwandlungstemperatur auf, wobei die Peakformen sich jedoch zwischen den Polymeren stark unterscheiden. So werden durch das F9...F9-Polymer die Umwandlungspeaks deutlich schmaler und größer, was bedeutet das die Kooperativität ansteigt, während die Peaks durch das BP-Polymer in ihrer Form dem reinen Lipid POPE gleichen.

Nichtsdestotrotz wird auch hier die minimale Stabilisierung der Gel-Phase (positive Temperaturverschiebung) deutlich, die wiederum durch den sichtbaren Enthalpieanstieg untermauert wird. Die Gründe sind hierbei gleich den anderen Phosphatidylethanolaminen. Einen hervorstechenden Effekt scheint die enthaltene Doppelbindung nicht zu verursachen.

Im Gegensatz zu den Phosphatidylcholinen zeigen die Umwandlungstemperatur und die Enthalpie der Hauptphasenumwandlung (siehe Abb. 4.9 a-c) der Phosphatidylethanolamine allesamt einen Anstieg durch Zugabe der Polymere.

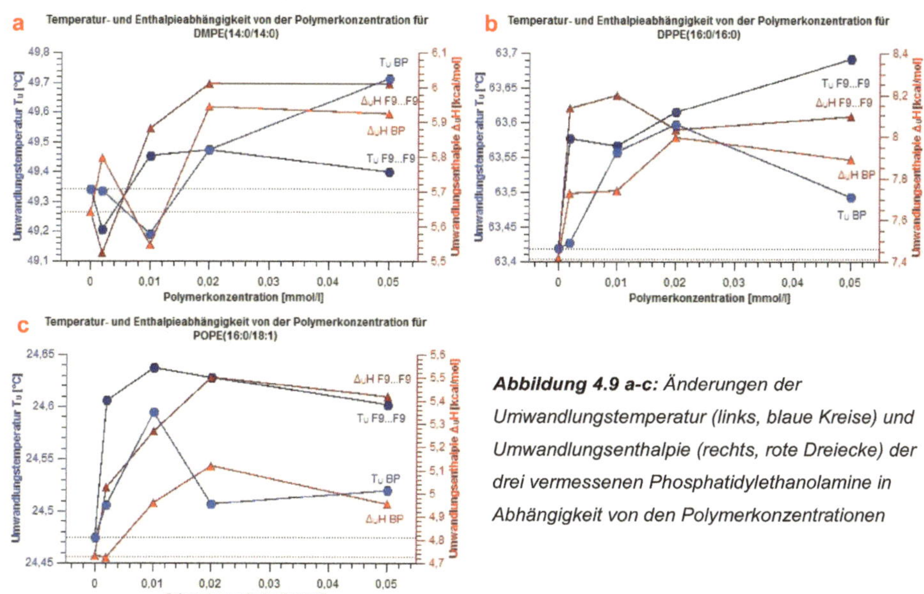

Abbildung 4.9 a-c: Änderungen der Umwandlungstemperatur (links, blaue Kreise) und Umwandlungsenthalpie (rechts, rote Dreiecke) der drei vermessenen Phosphatidylethanolamine in Abhängigkeit von den Polymerkonzentrationen

So zeigt sich, dass das F9...F9-Polymer für alle drei PEs zu größeren Umwandlungsenthalpien als das BP-Polymer führt, wobei der Verlauf der Enthalpieabhängigkeiten eine Sättigung nach Erreichen der kritischen Mizellbildungskonzentration einzunehmen scheint. Denkbar wäre, dass eine stabilisierende Bindung des Polymers mit den Lipidkopfgruppen erfolgt, wodurch zum einen die Umwandlungsenthalpie als auch die Umwandlungstemperatur gegenüber dem reinen Lipid erhöht wird. Dass die Umwandlungsenthalpie für Messreihen mit dem fluorierten Pentablockcopolymer stets größer als die des unfluorierten Triblockcopolymers ist, könnte durch die Notwendigkeit der Umfaltung oder Umpositionierung der fluorierten Blöcke in den Mizellstrukturen während der Phasenumwandlung oder durch die unterschiedlichen Demizellisierungsenthalpien der Polymere bedingt sein.

4.1.3. Temperaturverschiebung in Abhängigkeit der Fettsäurekettenlänge

Um die in 4.1.1. und 4.1.2. gefundenen Ergebnisse für die Lipide mit unterschiedlichen Kopfgruppen und Fettsäureketten zu systematisieren, bietet es sich an, für die vier in allen Messreihen auftretenden Lipid/Polymer-Verhältnisse (20/1, 50/1, 100/1, 500/1) die relativen Temperaturverschiebungen zum reinen Lipid gegen die Kettenlängen der Fettsäuren aufzutragen. In Abbildung 4.10 a-d sind die errechneten Temperaturverschiebungen für die Phosphatidylcholine (PC) und die Phosphatidylethanolamine (PE) sowohl mit dem BP-Polymer (rot bzw. blau) als auch F9...F9-Polymer (grün bzw. orange) über die Anzahl der C-Atome der Fettsäuren dargestellt.

Die Änderung der Umwandlungstemperatur der Lipid/Polymer-Mischungen ist relativ zu den gemessenen DSC-Kurven der reinen Lipide zu betrachten, weshalb der Verlauf der Umwandlungstemperatur der reinen Lipide bei gewählter Darstellungsweise den gestrichelten Linien entspricht ($\Delta T = 0$).

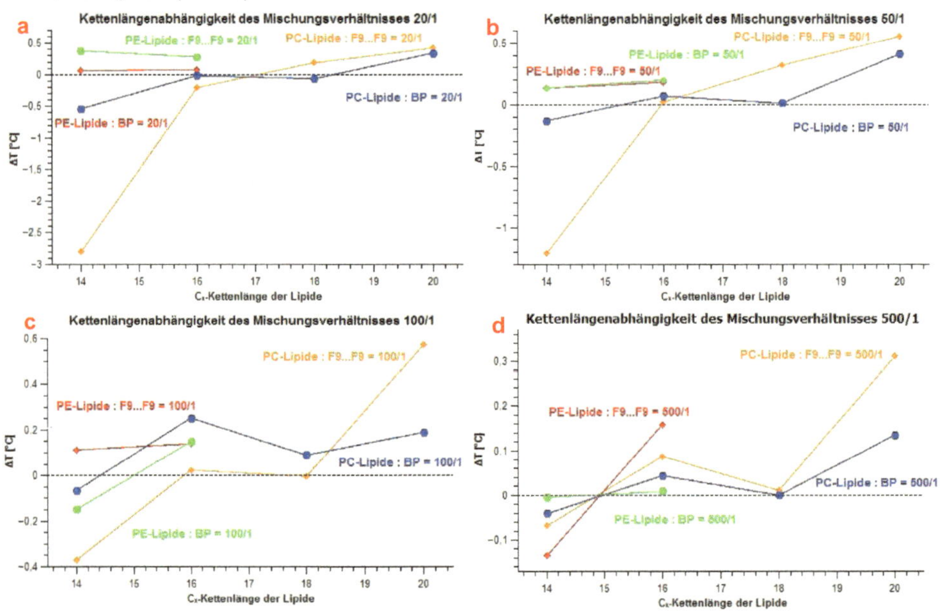

Abbildung 4.10 a-d: Kettenlängenabhängigkeit von vier verschiedenen Lipid/Polymer-Mischungen in Bezug auf die Kettenlängen der Lipidfettsäuren (C_x ist die Anzahl der Kohlenstoffatome in den Fettsäuren); rot: PE : F9...F9-Polymer-Mischungen; grün: PE : BP-Polymer-Mischungen; orange: PC : F9...F9-Mischungen ; blau: PC : BP-Polymer-Mischungen

Aus der Abbildung 4.10 a-d wird ersichtlich, dass zwei gegenläufige Effekte (stabilisierend und destabilisierend) bei Polymerzugabe die Umwandlungstemperatur beeinflussen. Somit ist der Gesamteffekt, welcher aus den DSC-Messkurven entnommen werden kann, eine Höhergewichtung eines der beiden Effekte. Dennoch sind stets beide Effekte vorhanden.

Während die Polymere bei einer DMPC-Lipidmembran eine Destabilisierung ($\Delta T < 0$) der Gel-Phase verursachen, werden bei längeren Lipiden und hierbei insbesondere DAPC durch Polymerzugabe die Gel-Phase stabilisiert ($\Delta T > 0$). Die Stabilisierung der Gel-Phase basiert auf den attraktiven Wasserstoffbrückenbindungen zwischen den Lipidkopfgruppen und den Hydroxy-Gruppen der $PGMA_{20}$-Polymerblöcke. Durch die Insertion der Polymere mit ihren hydrophoben PPO_{34}-Blöcken in die Doppelschichtstruktur der Lipide oder auch durch Absenkung des chemischen Potenzials (ähnlich der Gefrierpunktserniedrigung) wird hingegen die Umwandlungstemperatur der Phasenübergangs gesenkt bzw. die Gel-Phase destabilisiert.

Die Messpunkte, der unter Zugabe von Polymeren vermessenen Proben, weisen in linearer Anpassung eine größere Steigung auf als die reinen Lipide (gestrichelte Linien), wobei durch das F9...F9-Polymer die Temperaturänderung der Phasenumwandlung von der Gel-Phase in die flüssig-kristalline Phase größer als bei dem BP-Polymer ist. Diese Aussage trifft für alle vier gemessenen Lipid/Polymer-Verhältnisse zu (siehe Abbildung 4.10 a-d). Man kann also sagen, dass die Änderungen der Umwandlungstemperaturen von einem Lipid zum nächst längeren Lipid durch den Einfluss der Polymere einen größeren Anstieg (steileren) als reine Lipide besitzen.

Es ist daher anzunehmen, dass ein längeres Phospholipid wie DAPC eher zu verstärkten Wasserstoffbrücken und verminderter Insertion des Polymers in die Lipidmembran neigt als es bei kürzeren Phospholipiden der Fall ist. Zudem sorgen die perfluorierten Polymerblöcke für deutlichere Effekte insbesondere bei den kürzeren Lipiden (z.B. DMPC: $\Delta T \ll 0$), was durch den destabilisierenden Effekt eines zusätzlichen Einbaus der C_9F_{19}-Ketten in die hydrophoben Kettenteile der Lipide zu erklären wäre. Auch wenn die fluorophilen C_9F_{19}-Ketten nicht lipophil sind, bevorzugen sie die Assoziation zu den hydrophoben Molekülteilen gegenüber den hydrophilen Molekülteilen. Außerdem spielt bei einer Insertion die Membrandicke und der Zusammenhalt der Membran eine Rolle. Längere Lipide besitzen eine dickere Membran und aufgrund stärkerer Wechselwirkungen innerhalb der Acylketten auch eine energetisch stärkere Membran, bei der das Öffnen der Doppelschichtstruktur für eine Insertion des Polymers mehr Energie erfordert.

Der stabilisierende Effekt hingegen bei den längeren Lipiden unterscheidet sich bei beiden Polymeren kaum, wobei der minimale Mehreffekt des fluorierten Pentablockpolymers möglicherweise durch die blumenartigen Polymermizellen (siehe 1.2.) oder Umstrukturierung der endständigen C_9F_{19}-Blöcke hervorgerufen wird.

Da als Vertreter der gesättigten Phosphatidylethanolamine nur DMPE und DPPE gemessen wurden, entfällt hier eine ausführliche Interpretation zur Kettenlängenabhängigkeit. Aus lediglich zwei Punkten lassen sich nur schwer Trends vorhersagen. Anzumerken ist jedoch, dass bei fast jedem Lipid/Polymer-Verhältnis die Phosphatidylethanolamine eine positivere (zum Teil positive) Verschiebung der Temperatur der Phasenumwandlung Gel $\rightarrow$ flüssig-kristallin aufweisen als die Phosphatidylcholine. Die kleinere, sterisch weniger gehinderte Kopfgruppe der PEs ermöglicht demnach eine stärkere Ausbildung von Wasserstoffbrücken zum Polymer (siehe 4.1.1.[14]).

4.1.4. Einfluss der Polymere auf DMPC(14:0/14:0):DPPC(16:0/16:0)-Mischungen

Nachdem in Kapitel 4.1.1. DMPC und DPPC ausführlich untersucht wurden, soll an dieser Stelle auch der Einfluss der Polymere auf die Hauptphasenumwandlung von fünf verschiedenen DMPC:DPPC-Mischungen, welche eine ideale Mischbarkeit zeigen[9], untersucht werden. Gerade Entmischungstendenzen wie sie beim einzelnen DMPC in 4.1.1. aufgetreten sind, sind hierbei interessant.

Zur Veranschaulichung eignet sich das nebenstehende Dreiecksdiagramm (Abb. 4.11), in welchem die Stoffmengenverhältnisse der drei beteiligten Komponenten dargestellt sind. Rot gekennzeichnet sind die gemischten Lipide ohne Polymere und grün die zu den gemischten Lipiden gehörenden Lipid/Polymer-Mischungen.

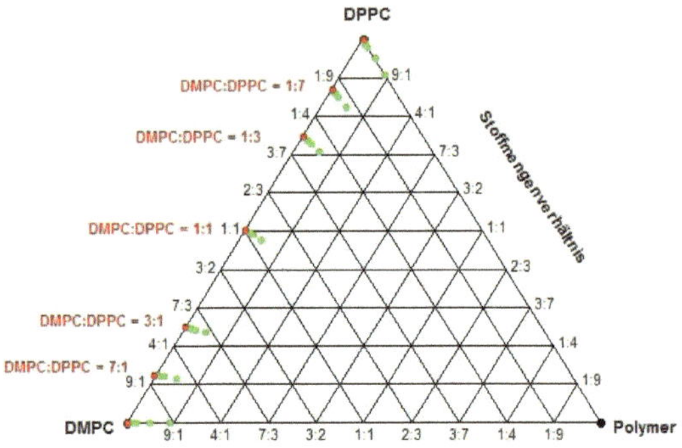

Auffällig ist sofort, dass der Anteil der Polymere extrem klein ist, was einen großen Überschuss an Lipidmolekülen im System zum Ausdruck bringt.

Die Betrachtung der Stoffmengen hinkt

Abbildung 4.11: *Dreiecksdiagramm der Stoffmengenverhältnisse der ternären Mischungen von DMPC, DPPC und den Polymeren; rot: reine Lipidmischungen; grün: DMPC:DPPC:Polymer-Mischungen*

an dieser Stelle ein wenig, da die Polymere in ihrer Molmasse ungefähr 10 mal so schwer sind, weshalb ein Stoffmengenverhältnis von 10/1 einem Massenverhältnis von etwa 1/1 entspricht.

Die Auftragung der DSC-Aufheizkurven der Lipidmischungen erfolgt in Analogie zu 4.1.1. und 4.1.2. beginnend mit den DMPC-reicheren Mischungen hin zu den DPPC-reicheren Mischungen, wobei hier die Skalierung anders gewählt werden muss. Denn die Kooperativität nimmt bis zur 1:1 Mischung deutlich ab, wodurch die Umwandlungspeaks breiter und niedriger werden.[3,9]

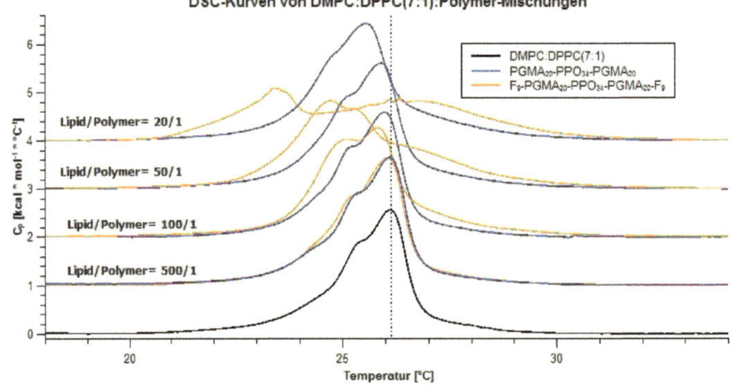

Abbildung 4.12: *DSC-Aufheizkurven von 1 mM DMPC:DPPC(7:1)-Vesikelsuspensionen mit dem BP-Polymer (blau) und dem F9...F9-Polymer (orange) in verschiedenen Konzentrationen*

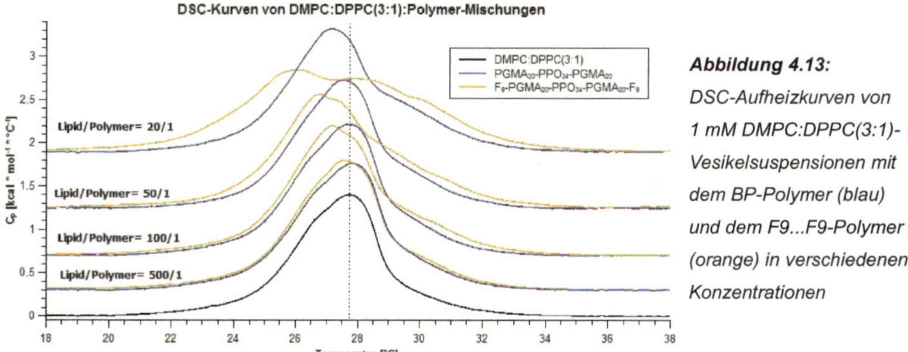

Abbildung 4.13:

DSC-Aufheizkurven von 1 mM DMPC:DPPC(3:1)-Vesikelsuspensionen mit dem BP-Polymer (blau) und dem F9...F9-Polymer (orange) in verschiedenen Konzentrationen

In den vorstehenden Abbildungen 4.12 und 4.13 sind die DSC-Thermogramme der DMPC-reicheren Mischungen (7:1 und 3:1) zu sehen. So sieht man für ein Mischungsverhältnis von DMPC:DPPC = 7:1 Kurvenverläufe, die dem DMPC sehr ähnlich sehen und sich nur durch Peakhöhe und -breite, sowie minimaler Temperaturverschiebung um 2 °C gegenüber reinem DMPC unterscheiden. Die Form der Peaks scheint denen der DMPC-Messreihen fast identisch.

Wird das DPPC im Verhältnis zum DMPC auf 1:3 ein wenig mehr als verdoppelt, verschwindet bei der Messreihe des F9...F9-Polymers mit der Lipidmischung DMPC:DPPC (3:1) die Separation der Peaks fast vollständig, welche nun mehr nach einem Peaks mit zwei rechtsseitigen Schultern (Verhältnis 20/1, 50/1 und 100/1) aussehen. Währenddessen ändert sich die Peakform der Messreihe mit dem unfluorierten BP-Polymer indem die linksseitige Schulter gegenüber dem reinen DMPC und der DMPC:DPPC(7:1)-Mischung verschwindet und in einem breiteren Peaks mündet. Der Abfall der Umwandlungstemperatur nach Polymerzugabe wird zudem kleiner bzw. der DPPC-ähnliche Verlauf, bei dem bis zu einer gewissen Polymerkonzentration die Temperatur zunächst ansteigt, wird andeutungsweise sichtbar.

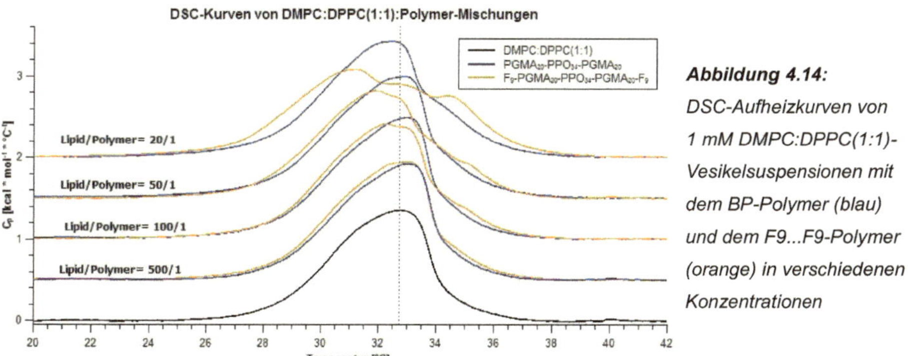

Abbildung 4.14:

DSC-Aufheizkurven von 1 mM DMPC:DPPC(1:1)-Vesikelsuspensionen mit dem BP-Polymer (blau) und dem F9...F9-Polymer (orange) in verschiedenen Konzentrationen

Bei gleichem Verhältnis von den Lipiden DMPC und DPPC (1:1) [Abb. 4.14] wird nun die geringe Kooperativität erkenntlich. Die Peaks im Thermogramm sind am Fuß ca. 8 °C breit und weisen gerade einmal eine Höhe von ca. C_p = 1,2 kcal * mol^{-1} * °C^{-1} auf. Die Umwandlungstemperatur liegt im Bereich 32-33 °C, was genau mittig zwischen den Umwandlungstemperaturen der beiden reinen Lipide (24 und 41 °C) lokalisiert ist. Im Verlauf der Messreihen gleicht dieses Mischungsverhältnis dem Vorherigen (siehe Abb. 4.13) stark. Jedoch wird bei dieser Mischung ähnlich dem reinem DPPC die Gel-Phase (z.B. Verhältnis 100/1) stabilisiert und die Umwandlungstemperatur ist zu größeren Werten verschoben.

Schon jetzt lässt sich erkennen, dass die Mischungen keine Besonderheiten im Vergleich mit den reinen Lipiden aufweisen. Der Anteil der reinen Lipide im Gemisch spiegelt sich in den Messreihen in Form, Position und Größe der Peaks wieder. So treten selbst bei der höchstmöglichen Vermischung (1:1) beider Lipide keine vollständigen Entmischungen auf. Einzig die vom DMPC her bekannten Separationen sind bei den DMPC- und Polymer-reicheren Mischungen zu erkennen. Da DMPC:DPPC-Mischungen auch ohne Polymere vollständig mischbar sind, kann man festhalten, dass sich dieser Zustand durch Zugabe der Polymere nicht ändert.

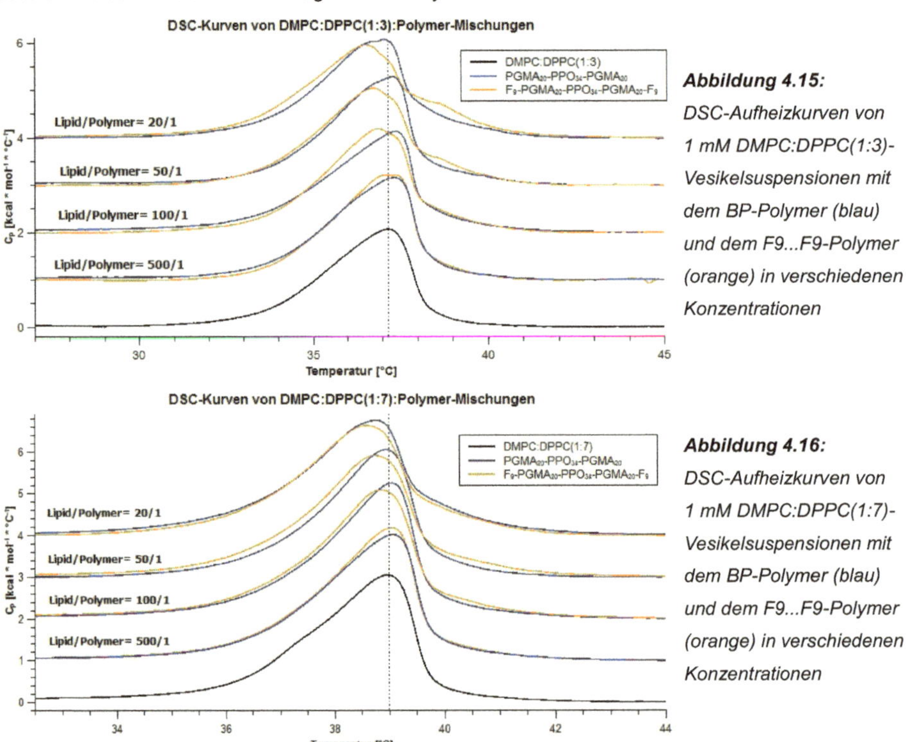

Abbildung 4.15:

DSC-Aufheizkurven von 1 mM DMPC:DPPC(1:3)-Vesikelsuspensionen mit dem BP-Polymer (blau) und dem F9...F9-Polymer (orange) in verschiedenen Konzentrationen

Abbildung 4.16:

DSC-Aufheizkurven von 1 mM DMPC:DPPC(1:7)-Vesikelsuspensionen mit dem BP-Polymer (blau) und dem F9...F9-Polymer (orange) in verschiedenen Konzentrationen

Für die beiden DPPC-reicheren Mischungen [(1:3) in Abb. 4.15 und (1:7) in Abb. 4.16] weisen die Messreihen (entsprechend den vorherigen Messungen) keine Besonderheiten auf. Die Schultern an den Peaks verschwinden mit zunehmendem DPPC-Anteil und gleichzeitig verstärkt sich der durch stabilisierenden Kopfgruppen-Effekt und destabilisierender Insertion in die Lipiddoppelschicht gekrümmte Verlauf der Messreihen in Abhängigkeit der Polymerkonzentration (vergleiche DPPC in 4.1.1.)

Nach den Betrachtungen der einzelnen DSC-Thermogramme muss an dieser Stelle auf die Auffälligkeiten der Messreihen der hier gezeigten Mischungen verwiesen werden. Abbildung 4.17 a und b belegen mit Ausnahme der DMPC:DPPC(1:7)-Mischungen einen deutlichen Enthalpieanstieg durch Polymerzugabe. Die Messpunkte wurden mit einer B-Spline-Funktion interpoliert, wodurch die anschaulicheren geschwungenen Kurven entstehen.

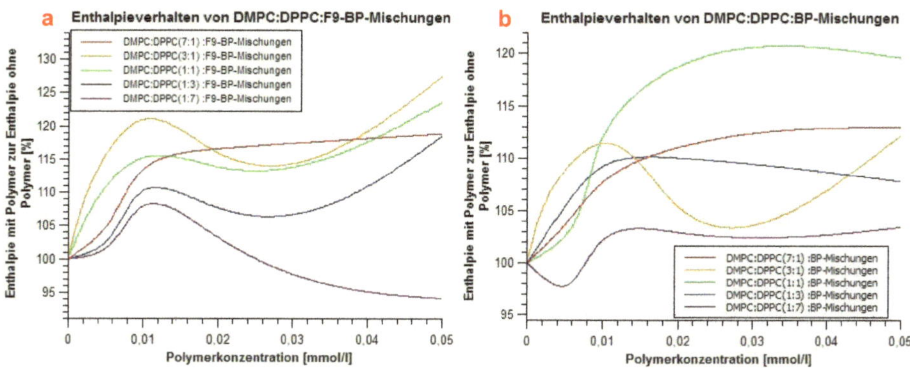

Abbildung 4.17 a+b: *Enthalpieverhalten mit steigender Polymerkonzentration bei DMPC:DPPC-Mischungen (a) DMPC:DPPC:F9...F9-Polymer-Mischungen; (b) DMPC:DPPC:BP-Polymer-Mischungen*

Auch hier liegt bei der schon mehrmals erwähnten Konzentration von 0,01 mM (cmc) des F9...F9-Polymers (siehe Abb. 4.17 a) ein auffälliges Maximum. Da die gewählte Auftragung prozentual zu den Lipid-Mischungen ohne Polymer aufgetragen ist, wird leicht ersichtlich, dass der methodische Fehler von ± 5 % deutlich überschritten wird. Die Messreihen der mit dem BP-Polymer gemessenen Lipid-Mischungen wirken ein wenig zufällig, zeigen jedoch in ähnlicher Weise (schwächer) den Enthalpieanstieg.

Der Anstieg der Umwandlungsenthalpie bedeutet, dass sich die flüssig-kristalline Phase von der Gel-Phase energetisch stärker unterscheidet als es ohne ohne Polymere der Fall wäre. Der stärkere Enthalpieunterschied durch Zugabe der Polymere kann mit der unterschiedlichen Struktur der Polymere unterhalb und oberhalb der Phasenumwandlung und damit verbundenen Demizellisierungseffekten zusammenhängen. Außerdem hängt die Umwandlungsenthalpie von den VAN DER WAALS-Kräften zwischen den Fettsäureketten und den Konformationen der Acylketten der Lipide ab.[1,14] Welcher der Faktoren die Erhöhung der Umwandlungsenthalpie durch Polymer-Zugabe verursacht, kann an dieser Stelle nicht ausgesagt werden. Hierzu wären spektroskopische Untersuchungen der Mischungen notwendig.

4.1.5. Phasendiagramme der DMPC:DPPC:Polymer-Mischungen

Zur genaueren Untersuchung kann man aus den Daten der DSC-Untersuchungen der DMPC:DPPC:Polymer-Mischungen Phasendiagramme erstellen, wobei durch Auslesen der Abzissenwerte der linken und rechte Flanke eines Peaks im DSC-Thermogramm durch manuelles Anlegen von Tangenten bis zur Basislinie die onset- und offset-Temperaturen (Beginn und Ende der Phasenumwandlung) für alle gemessenen Mischungen ermittelt werden. Im Phasendiagramm sind dann die zwei jeweils erhaltenen Temperaturen pro Messung gegen den Molenbruch x_A von DPPC aufgetragen. Ein Molenbruch von x_A gleich 0 entspricht reinem DMPC. Nach Einzeichnen der Punkte ergeben sich sich je nach System unterschiedliche Phasen. Im Falle der idealen Mischbarkeit, wie sie bei DMPC und DPPC gegeben ist, erhält man ein linsenförmiges Zweiphasengebiet, in welchem die Lipide sowohl in der Gel-Phase ($L_{\beta'}$) als auch in der flüssig-kristallinen Phase (L_α) vorliegen. Unterhalb des Zweiphasengebietes existiert nur die Gel-Phase und oberhalb des Zweiphasengebietes nur die flüssig-kristalline Phase.[1,9]

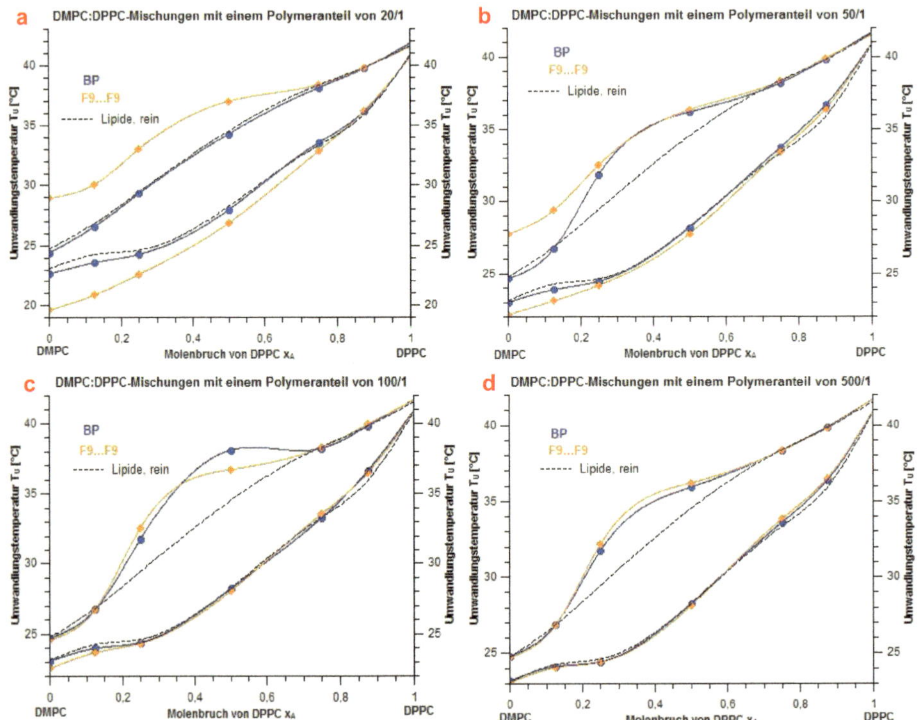

Abbildung 4.18 a-d: *Phasendiagramme der DMPC:DPPC-Mischungen bei unterschiedlichen Lipid-Polymer-Verhältnissen (a) DMPC:DPPC/Polymer = 20/1; (b) DMPC:DPPC/Polymer = 50/1;*

(c) DMPC:DPPC/Polymer = 100/1; (d) DMPC:DPPC/Polymer = 500/1

Um die Übersichtlichkeit zu wahren sind die Phasendiagramme für die vier Lipid/Polymer-Verhältnisse getrennt dargestellt (siehe Abb. 4.18 a-d). Die Farben orientieren sich an den DSC-Thermogrammen. So sind die Mischungen mit dem BP-Polymer blau und die Mischungen mit dem F9...F9-Polymer orange gekennzeichnet. Zum Vergleich ist jeweils das Zweiphasengebiet der DMPC:DPPC-Mischungen ohne Polymer als schwarz gepunktete Linien hinterlegt.

Bei der Interpretation muss beachtet werden, dass das Auslesen äußerst subjektiv geschieht, da die Umwandlungspeaks sehr flache Füße aufweisen und daher mehrere Möglichkeiten zum Anlegen der Tangente vorhanden sind. Die Phasendiagramme sind deswegen unter Umständen mit einem großen Fehler behaftet.

Die Betrachtung der Phasendiagramme in Abbildung 4.18 a-d zeigt, dass auch durch Polymerzugabe die Mischbarkeit erhalten bleibt. In Verbindung mit dem BP-Polymer zeigen die DMPC:DPPC-Mischungen ein breiteres Zweiphasengebiet, insbesondere bei einem Molenburch x_A des DPPCs von 0,2-0,6.

Die Auswertung der Phasendiagramme ergibt demnach eine deutliche Abnahme der Kooperativität bei mittleren Mischungsverhältnissen der Lipide durch Zugabe der Polymere über alle Konzentrationsbereiche, wobei die Mischbarkeit von DMPC und DPPC erhalten bleibt. Die Zweiphasengebiete der durch Zugabe des F9...F9-Polymers ergänzten DMPC:DPPC-Mischungen weisen auch eine Verbreiterung auf, die im Falle höherer Polymerkonzentration (Verhältnis 20/1 bzw. 50/1) zum reinen DMPC hin ihre Breite behalten. Eine hundertprozentige Separation der Peaks war bei keiner Mischung zu erkennen, weswegen ein mehrfaches Anlegen von Tangenten und die damit verbundene Phasenentmischung nicht gerechtfertigt wäre.

Für nahezu alle vier Phasendiagramme gilt, dass die unteren Grenzen der Zweiphasengebiete unabhängig von der Zugabe der Polymere bleiben. Sie liegen bis auf die F9...F9-Polymer-Messreihe in Abbildung 4.18 a auf den gestrichelten unteren Linien, die den Lipidmischungen ohne Polymerzugabe entsprechen. Die unteren Grenzen kennzeichnen den Beginn des Phasenübergangs aus der Gel-Phase zur flüssig-kristallinen Phase.

Anders sieht es mit den oberen Grenzen aus, welche das Ende des Phasenübergangs hin zur flüssig-kristallinen Phase markieren. Für oben erwähnten Bereich des Molenbruchs (x_A = 0,2-0,6) ergibt sich eine deutliche Erhöhung der offset-Temperaturen. Die reine flüssig-kristalline Phase der DMPC:DPPC-Mischvesikel wird somit erst bei höheren Temperaturen erreicht. Bei genauerer Betrachtung wird die Analogie zu den Umwandlungstemperaturen der DPPC-Messreihen aus Abbildung 4.2 sichtbar, weil bei einem Lipid/Polymer-Verhältnis von 100/1 (siehe Abb. 4.18 c) die positive Verschiebung der offset-Temperatur für diesen Bereich am größten ist und mit weiter steigender Polymerkonzentration (siehe Abb. 4.18 a+b) wieder sinkt.

4.1.6. Reproduzierbarkeit der DSC-Messungen

Da das Wiederholen jeder DSC-Messung sehr zeit- und materialaufwändig wäre, soll an dieser Stelle der Beleg für die Korrektheit der durchgeführten Messungen nur anhand von

Wiederholungsmessungen für eine DMPC:F9...F9-Mischung im Verhältnis 50/1 gezeigt werden, da die Gesamtbilder der in 4.1.1., 4.1.2. und 4.1.4. gezeigten Messreihen in sich stimmig wirken. Weiterhin mag ein Ausblick auf andere Präparationsmethoden von Interesse sein, denn alle DSC-Messungen wurden mit getrennt präparierten Vesikel-Suspension und Polymer-Lösungen durchgeführt.

So sind im folgenden Diagramm (siehe Abb. 4.19) DSC-Aufheizkurven von DMPC:F9...F9-Mischungen aufgetragen, die zum einen mit extrudierten Vesikeln (rot und blau durchgezogen) und zum anderen durch Beschallung im Ultraschallbad (USB) erzeugten Vesikeln (rot und blau gestrichelt) hergestellt wurden. Dabei wurde DMPC von Genzyme (blau) und von Nattermann (rot) eingesetzt. Dem steht die in der Messreihe in 4.1.1. verwendete DSC-Kurve (schwarz) gegenüber.

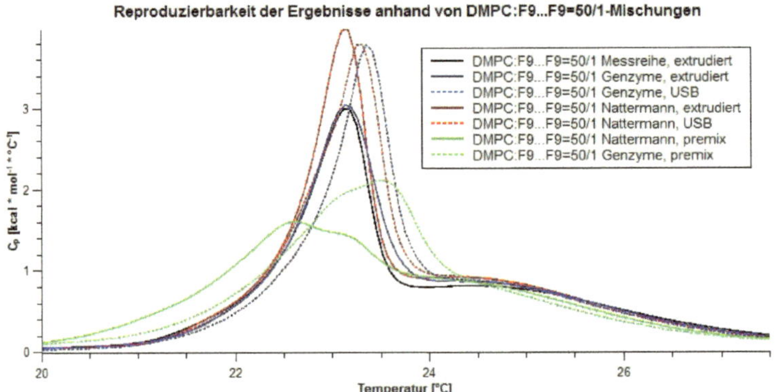

Abbildung 4.19: *Wiederholungsmessungen von DMPC(14:0/14:0):F_9...F_9-Polymer-Mischungen im Verhältnis 50/1 mit verschiedenen Präparationsmethoden*

Offensichtlich ist, dass der Kurvenverlauf der schwarzen, roten und blauen Linien in seiner Form (Peak mit flacher Schulter) identisch ist. Abweichend ist hier die Umwandlungstemperatur und die Umwandlungsenthalpie, wie gleich noch gezeigt wird.

Die grün dargestellten Messkurven zeigen das gleiche Polymer/Lipid-Verhältnis, wobei beide Stoffe ähnlich der Prozedur aus 3.1.2. zuvor in Chloroform/Methanol gelöst und gemischt werden. Dabei sollten Mischmembranen oder -aggregate entstehen. Problematisch ist hierbei die schlechte Löslichkeit des F9...F9-Pentablockcopolymers in organischen Lösungsmittel aufgrund seiner großen hydrophilen Molekülbestandteile und den perfluorierten Endgruppen, sodass die starke Abweichung der Kurvenverläufe der grünen Linien vermutlich aus verkehrten Mischungsverhältnissen hervor geht. Eine weitere Interpretation dieser (grünen) DSC-Kurven scheint daher nicht sinnvoll. Man benötigt zum Lösen des Polymers polarere Lösungsmittel wie Wasser, die jedoch den Effekt der Selbstaggregation ähnlich dem Suspendieren in Wasser aufzeigen.

Eine Auftragung der Umwandlungsenthalpien und -temperaturen für alle zuvor gezeigten

Messkurven (siehe Abb. 4.20) belegt eine geringe Abweichung von etwa 5 % für die Umwandlungstemperatur unter den durch Extrusion präparierten Vesikeln und auch gerade einmal eine maximale Abweichung von 10% für die Umwandlungsenthalpien. Durch Verwendung nur einer extrudierten Vesikelsuspension für eine komplette Lipid-Messreihe kann dieser Fehler vermieden werden. Nachteil ist wiederum die längere Lagerung (< 4°C) der Proben bis zur Vermessung am Kalorimeter.

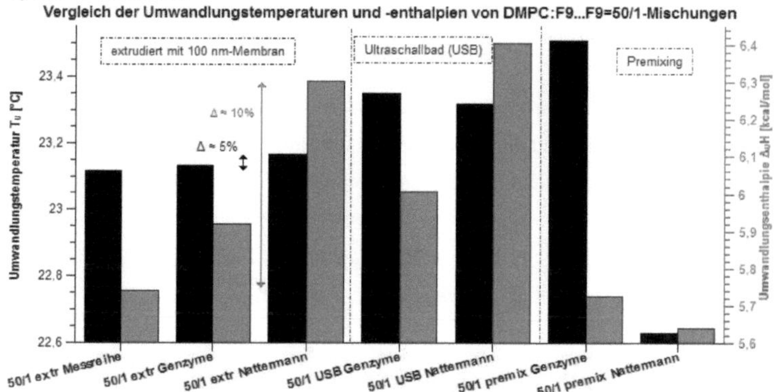

Abbildung 4.20: *Vergleich der Umwandlungstemperatur- und Umwandlungsenthalpie der Wiederholungsmessungen von DMPC(14:0/14:0):F$_9$...F$_9$-Polymer-Mischungen im Verhältnis 50/1 mit verschiedenen Präparationsmethoden*

Die Differenz entsteht durch Verunreinigung bzw. verschiedenartiger Reinheit unterschiedlicher Hersteller sowie ungenaues Einwiegen der Lipide und Polymere oder unpräzises Auffüllen mit Wasser.[9] Zudem besteht gerade bei einem Polymer die Möglichkeit von Inhomogenitäten und Abweichungen der Polymermasse.

Die im Ultraschallbad präparierten Vesikel weisen eine höhere Umwandlungsenthalpie und -temperatur auf als die extrudierten Vesikelsuspensionen, da durch Beschallung ein Anteil von ca. 10 % multilamellaren Vesikeln (MLV) entsteht. Dieser Anteil trägt durch geringere Vesikelkrümmung aufgrund größerer Vesikeldurchmesser und Wechselwirkungen zwischen den lamellaren Schichten zu einer Stabilisierung der Gel-Phase und damit einer Temperaturerhöhung der Hauptphasenumwandlung bei.[10]

Aus den wässrigen 1 mM Lipid-Suspensionen ohne Polymerzugabe lässt sich zudem überprüfen, ob die erhaltenen Umwandlungsenthalpien und -temperaturen mit der Literatur übereinstimmen. Die nachfolgenden Werte stammen jeweils aus dem Hauptumwandlungspeak, was für Phosphatidylcholine (PC) der Phasenumwandlung von $P_{\beta'}$ zu L_α und für Phosphatidylethanolamine (PE) der Phasenumwandlung von $L_{\beta'}$ zu L_α entspricht.

__Tabelle 4.1:__ *Vergleich von Literaturwerten mit den experimentellen Werten für die Umwandlungstemperatur T_U [°C] und die Umwandlungsenthalpie $\Delta_U H$ [kJ/mol] der Phasenumwandlung Gel → flüssig-kristallin*[10]

Phospholipide		DMPC	DPPC	DSPC	DAPC	DMPE	DPPE	POPE
T_U [°C]	Literaturwert[10]	23,5	41,5	55,5	66	49,5	65	25
	Experimenteller Wert	24,3	41,3	54,4	64,6	49,4	63,4	24,4
$\Delta_U H$ [kJ/mol]	Literaturwert[10]	26	36,5	46	50	25	34,5	-
	Experimenteller Wert	20,2	35,7	44,5	46,6	23,5	31,1	19,7

So ergeben sich für die Umwandlungstemperaturen überwiegend gute Übereinstimmungen, während die Umwandlungsenthalpien teilweise deutlich unter den Literaturwerten liegen. Gründe hierfür können in der Basislinienkorrektur bei der Datenauswertung oder in der Abweichung durch unterschiedliche Reinheiten der Lipide (siehe vorstehend: Abweichung verschiedener Hersteller) liegen. Weitere Fehlerquellen sind die verschiedenen Vesikelkrümmungen aufgrund minimal variierender Vesikeldurchmesser und Einwägefehler bzw. Fehler beim Einfüllen der Probe in die Messzelle.

4.2. INFRAROTSPEKTROSKOPISCHE UNTERSUCHUNGEN

Als Ergänzung zu den durchgeführten DSC-Untersuchungen sollen mit der Infrarotspektroskopie einzelne Molekülteile des DPPCs (16:0/16:0) betrachtet werden. Wie im methodischen Teil (Kapitel 2.2.) erwähnt eignen sich die CH_2-Valenzschwingungen in den Acylketten des DPPCs zur Interpretation der Phasenumwandlung.

Die zugrunde liegenden Spektren befinden sich im Anhang. Mithilfe des computergesteuerten Thermostaten wurde eine Temperaturrampe von 30-50 °C für die Probenzelle abgefahren und in 1 °C-Schritten jeweils ein Spektrum aufgenommen. Vermessen wurden reines DPPC, DPPC mit F9...F9-Polymer-Zugabe (Verhältnis 50/1 und 100/1) und DPPC mit BP-Polymer-Zugabe (Verhältnis 50/1 und 100/1). Als Lösungsmittel wurde D_2O eingesetzt, weil durch Banden des Wassers die CH_2-Schwingungsbanden überlagert werden würden.

Die infrarotspektroskopische Untersuchung der Polymere in den eingesetzten Konzentrationen lieferte im IR-Spektrum lediglich die CO-Bande der $PGMA_{20}$-Polymerblöcke mit jedoch äußerst geringer Intensität.

Die Wellenzahlen der antisymmetrischen und symmetrischen Valenzschwingungsbanden von DPPC sind in den Abbildungen 4.21 bzw. 4.22 dargestellt. Die Wellenzahlen der CH_2-Schwingungsbanden von reinem DPPC sind schwarz abgebildet und stimmen mit der Literatur überein.[1] Die zugehörigen Mischungen von DPPC mit dem F9...F9-Polymer sind rot (50/1) und orange (100/1) und von DPPC mit dem BP-Polymer sind blau (50/1) bzw. hellblau (100/1) gekennzeichnet.

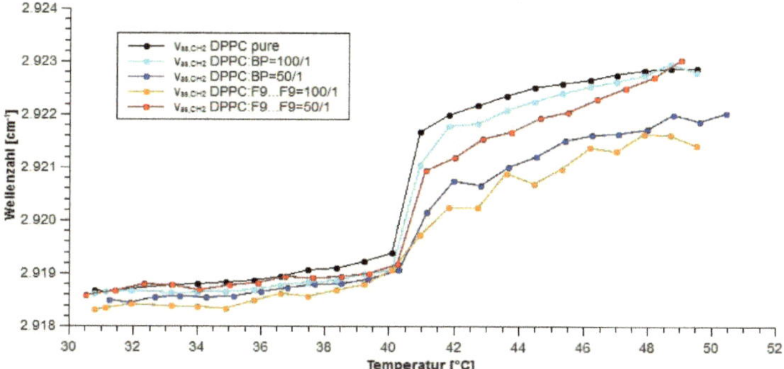

Abbildung 4.21:

*Vergleich der antisymmetrischen Valenzschwingungsbanden von DPPC(16:0/16:0)
und DPPC(16:0/16:0)-Polymer-Mischungen bei der $L_{\beta'} \rightarrow L_{\alpha}$-Phasenumwandlung
rot: DPPC : F9...F9-Polymer = 50/1; orange: DPPC : F9...F9-Polymer = 100/1;
blau: DPPC : BP-Polymer = 50/1 ; hellblau: DPPC : BP-Polymer = 100/1*

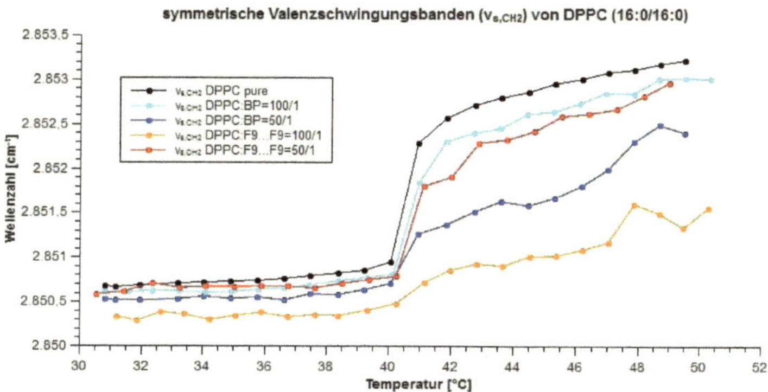

Abbildung 4.22:

*Vergleich der symmetrischen Valenzschwingungsbanden von DPPC(16:0/16:0) und
DPPC(16:0/16:0)-Polymer-Mischungen bei der $L_{\beta'} \rightarrow L_{\alpha}$-Phasenumwandlung
rot: DPPC : F9...F9-Polymer = 50/1; orange: DPPC : F9...F9-Polymer = 100/1;
blau: DPPC : BP-Polymer = 50/1 ; hellblau: DPPC : BP-Polymer = 100/1*

Sowohl für die antisymmetrischen (Abb. 4.21) als auch die symmetrischen (Abb. 4.22) Valenzschwingungsbanden ergibt sich unterhalb, während und oberhalb der Phasenumwandlungstemperatur (T_u = 41,3 °C) eine Erniedrigung der Wellenzahlen gegenüber reinem DPPC (schwarz) für jegliche Polymerkonzentration gleich welches der Polymere verwendet wird. Daher ist ein geringerer Anteil an gauche-Isomeren und der damit einhergehenden Erhöhung der Ordnung der Ketten bzw. eine bessere Packung der Fettsäureketten durch Polymerzugabe anzunehmen.

Dieser Effekt tritt in beiden Phasen auf, ist jedoch in der flüssig-kristallinen Phase weitaus stärker ausgeprägt als in der Gel-Phase. Die Polymere sorgen demnach in der flüssig-kristallinen Phase für eine deutlich größere Zunahme der Ordnung mit einhergehender Zunahme der Membrandicke.

Weiterhin wird sichtbar, dass die Polymere den Sprung der Wellenzahlen am Phasenübergang minimieren. Da die Acylketten (CH_2-Gruppen) der Lipide maßgeblich die Umwandlungsenthalpie der Phasenumwandlung Gel $\rightarrow$ flüssig-kristallin beeinflussen, wird ein kleiner Anstieg der Wellenzahlen mit einer kleineren Umwandlungsenthalpie korrelieren.

Diese Tatsache lässt sich für die DPPC:BP-Polymer-Mischungen (siehe 4.1.1.) bestätigen, da hier die Umwandlungsenthalpie um ca. 0,8 kcal/mol (Verhältnis 50/1) im Vergleich zu reinem DPPC fällt. Die Umwandlungsenthalpie der DPPC:F9...F9-Polymer-Mischungen hingegen bleibt nahezu konstant. Hier scheint ein anderer Effekt die Umwandlungsenthalpie zusätzlich zum erwarteten Abfall zu erhöhen (als Gesamteffekt bleibt sie daher konstant).

Bei der Interpretation ist im Vergleich zu den DSC-Untersuchungen zu beachten, dass die IR-Messungen in D_2O statt H_2O erfolgten und die Konzentrationen um das 9-fache höher waren. Sowohl andere Konzentrationen als auch der Wechsel des Lösungsmittels können die Wechselwirkungen maßgeblich beeinflussen. Weiterhin wurde jede IR-Messung nur einmal durchgeführt und das System lediglich einmal aufgeheizt. Es stellt sich daher die Frage, ob die hier gezeigten Ergebnisse reproduzierbar sind.

Die anderen in den Spektren auftretenden Banden weisen keine systematischen Tendenzen auf. Insbesondere auch die CO-Banden des Lipids, welche durch Abnahme der Wellenzahlen eine Ordnung des Lipidkopfgruppen umgebenden Wassers signalisieren, sind für die Auswertung nicht hilfreich, weil hier zudem das Problem auftritt, dass die anfangs erwähnten CO-Banden der Polymere hier in die Banden mit hineinfallen und eine Art Schulter verursachen. Der Fehler durch das Auswerten der CO-Banden wäre vergleichsweise hoch und der Auswerteaufwand im Vergleich zu den resultierenden unsicheren Ergebnissen nicht gerechtfertigt. Deswegen soll es an dieser Stelle bei der Interpretation der CH_2-Valenzschwingungen belassen werden.

5. Zusammenfassung

Anhand zahlreicher DSC-Untersuchungen und ergänzender Infrarotspektroskopischer Untersuchungen wurde das Phasenumwandlungsverhalten verschiedener Phospholipide in Modellmembranen und deren Änderung durch Polymer-Zugabe beleuchtet.

Dabei konnte gezeigt werden, dass beide untersuchten Polymere die Phasenumwandlung der Phospholipide von der Gel-Phase in die flüssig-kristalline Phase maßgeblich beeinflussen. So wirken die Polymere abhängig von ihrer Konzentration auf die Gel-Phase der Lipide entweder stabilisierend oder destabilisierend, wodurch der Phasenübergang bei höherer bzw. geringerer Temperatur erfolgt. Es handelt sich hierbei um zwei gegenläufige Effekte, die sich gegenseitig mehr oder weniger kompensieren.

Auf die Gel-Phase stabilisierend wirken vor allem Wasserstoffbrücken zwischen den Polymeren und den Lipidkopfgruppen (bevorzugt bei kleinen Polymerkonzentrationen). Die Insertion der Polymere in die Lipidmembran und auch die Erniedrigung des chemischen Potenzials durch größere Polymerkonzentration destabilisieren hingegen die Gel-Phase und erniedrigen die Umwandlungstemperatur. Die perfluorierten Polymerblöcke des Pentablockcopolymers F_9-$PGMA_{20}$-PPO_{34}-$PGMA_{20}$-F_9 bewirken eine Verstärkung beider Effekte gegenüber dem Triblockcopolymer $PGMA_{20}$-PPO_{34}-$PGMA_{20}$.

Die Einflüsse der Polymere auf die Phasenumwandlungen der Lipide hängen zudem stark von den Fettsäurekettenlängen der Lipide und der Größe der Lipidkopfgruppe ab. So wird das Kettenschmelzen der Lipide bei längeren Phospholipiden wie DAPC zu höheren Umwandlungstemperaturen und bei kürzeren Phospholipiden wie DMPC zu niedrigeren Umwandlungstemperaturen verschoben. Demnach wird mit steigenden Fettsäurekettenlängen der Lipide die Gel-Phase durch die Polymere zunehmend stabilisiert.

Kleinere Lipidkopfgruppen wie die der Phosphatidylethanolamine bewirken bei gleichen Fettsäurenkettenlängen wie ihre analogen Phosphatidylcholine durch die Möglichkeit besser Wasserstoffbrückenbindungen zum Polymer auszubilden, ebenfalls eine stärkere Stabilisierung der Gel-Phase und eine Erhöhung der Umwandlungstemperatur. Bei den untersuchten Phosphatidylethanolaminen überwiegt der stabilisierende Effekte den destabilisierenden Effekt deutlich.

Im Bereich der kritischen Mizellbildungskonzentration der Polymere erfolgt bei einigen Lipiden der Wechsel der Gewichtung von stabilisierendem und destabilisierendem Effekt. Daher ist ein Einfluss der Mizellbildung auf die Art der Wechselwirkungen wahrscheinlich.

Bei DMPC:DPPC-Mischungen bewirken die Polymere eine Verbreiterung der Zweiphasengebiete, beeinflussen jedoch nicht die Mischbarkeit beider Komponenten und deren Phasen. Nur für reines DMPC oder sehr DMPC-reiche Mischungen tritt eine fast vollständige Entmischung auf. Die Enthalpieänderungen mit zunehmender Polymerkonzentration der Lipid-Mischungen zeigen

Auffälligkeiten, wobei über alle Konzentrationen hinweg eine Enthalpieerhöhung erfolgt.

Um die gefundenen Ergebnisse zu sichern, sollte man die Messungen wiederholen, dabei aber auch andere Lipid- und Polymerkonzentrationen ausprobieren. Desweiteren können noch Lipide mit anderen Kopfgruppen Aufschluss zu den Wechselwirkungen bringen.

Aus den Infrarotspektroskopischen Untersuchungen geht eine stärkere Ordnung der Fettsäureketten der Lipide durch Polymerzugabe für alle untersuchten Temperaturbereiche hervor. Daraus kann auf eine Zunahme der Membrandicke geschlussfolgert werden. Die Zunahme der Ordnung durch Zugabe der Polymere ist für die flüssig-kristalline Phase besonders stark ausgeprägt. Zugleich wird beim Phasenübergang von der Gel-Phase zur flüssig-kristallinen Phase die sprunghafte Änderung der trans/gauche-Konformationenanteile durch die Polymere minimiert. Daraus resultiert für die Phasenumwandlung eine kleinere Umwandlungsenthalpie durch die Fettsäureketten, die sich jedoch in den DSC-Messungen nur bedingt widerspiegelt.

Weitergehende Untersuchungen am IR-Spektrometer scheinen mit deuterierten Lipiden und höheren Konzentrationen sinnvoll. Wiederholtes Aufheizen und Abkühlen sollte hierbei reproduzierbare Ergebnisse liefern. Die zusätzliche Untersuchung der CO-Banden der Lipide kann zu Rückschlüssen auf die Hydratationsverhältnisse der Kopfgruppen führen. Möglicherweise können bei noch höherer Konzentration auch die Kopfgruppen-Schwingungen ausgewertet werden.

6. Literaturverzeichnis

[1]   R. Winter, F. Noll, C Czeslik , *Methoden der Biophysikalischen Chemie*, Vieweg + Teubner Verlag, Stuttgart, **2011**

[2]   R. Cotterill, *Biophysik*, WILEY-VCH Verlag, Weinheim, **2008**, 63-69

[3]   S. O. Kyeremateng, T. Henze, K. Busse, J. Kressler, *Macromolecules* **2010**, *43*, 2502-2511

[4]   E. Sackmann, R. Merkel, *Lehrbuch der Biophysik*, WILEY-VCH Verlag, Weinheim, **2010**

[5]   H. Beyer, W. Walter, *Lehrbuch der Organischen Chemie*, 21. Auflage, S.Hirzel Verlag, Stuttgart, **1988**, 307

[6]   S. J. Singer, *Annals of the New York Academy of Sciences* **1972**, *195*, 16-23

[7]   A. Blume, *Thermochimica Acta* **1991**, *193*, 299-347

[8]   J. N. Israelachvili, *Intermolecular and Surface Forces*, Academic Press, London, **1992**, 378 f.

[9]   A. Blume, P. Garidel, *Handbook of Thermal Analysis and Calorimetry*, Elsevier Press B.V., Amsterdam, **1999**, *4*, 109-173

[10] G. Cevc, *Phospholipids Handbook*, MARCEL DEKKER Inc., New York, **1993**

[11] S. O. Kyeremateng, C. Schwieger, A. Blume, J. Kressler, *American Chemical Society* **2010**, *1061* , 65-84

[12] V. P. Ivanova, I. M. Makarov, T. E. Schaffer, T. Heimburg, *Biophys. J.* **2003**, *84*, 2427-2439

[13] D. Papahadjopoulos, M. Moscarello, E. H. Eylar, T. Isac, *Biochem. Biophys. Acta* **1975**, *401*, 317-335

[14] C. Schwieger, A. Blume, *Eur. Biophys. J.* **2007**, *36*, 437-450

7. Anhang

Im Anhang befinden sich sechs IR-Spektren, von denen fünf Spektren einer Korrektur um das zuerst gezeigte D_2O-IR-Spektrum unterlagen und allesamt als Grundlage der unter 4.2. getätigten Auswertung der IR-Untersuchungen dienten.

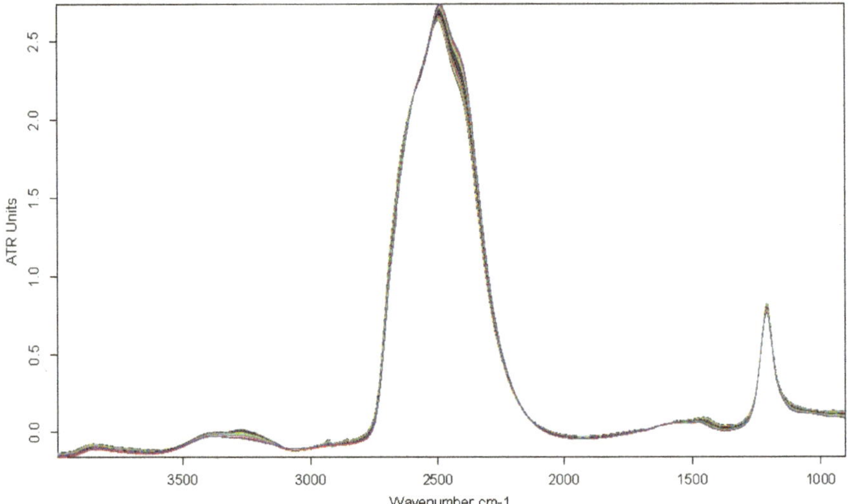

Anhang 1: *IR-Spektrum einer Temperaturrampe von D_2O*

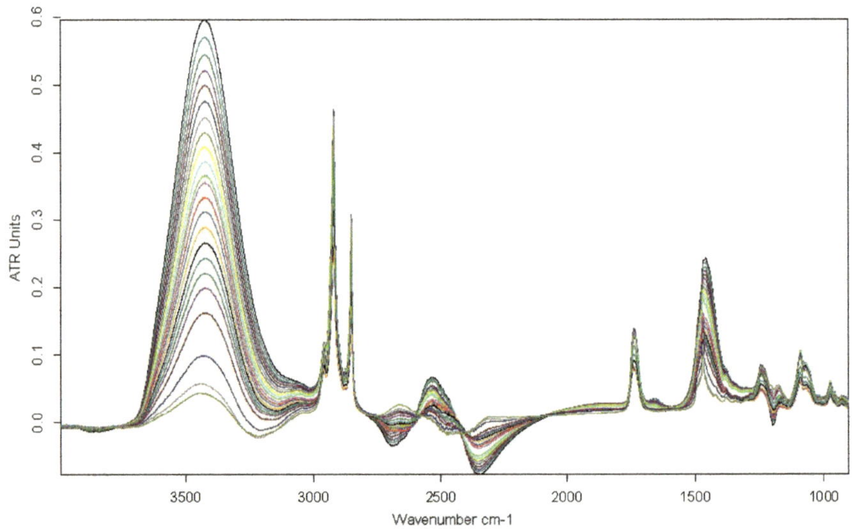

Anhang 2: *IR-Spektrum einer Temperaturrampe von alleinigem DPPC in D_2O*

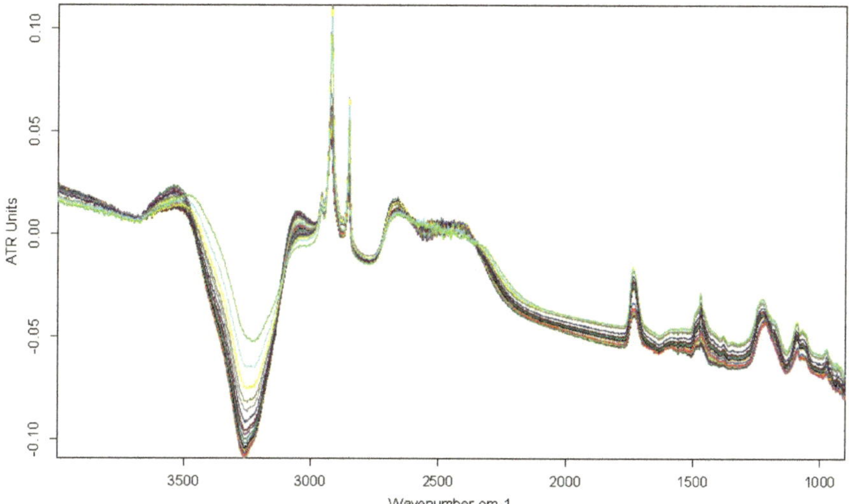

Anhang 3: *IR-Spektrum einer Temperaturrampe von DPPC:BP-Polymer im Verhältnis 50/1 in D₂O*

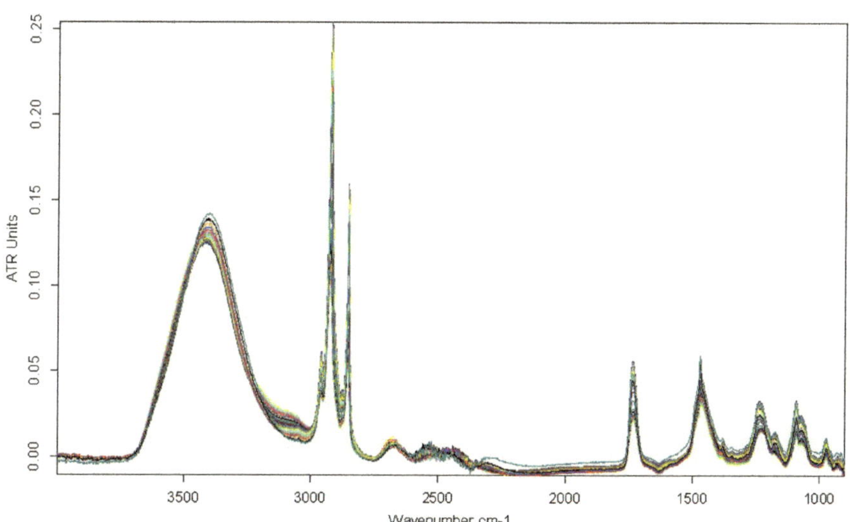

Anhang 4: *IR-Spektrum einer Temperaturrampe von DPPC:BP-Polymer im Verhältnis 100/1 in D₂O*

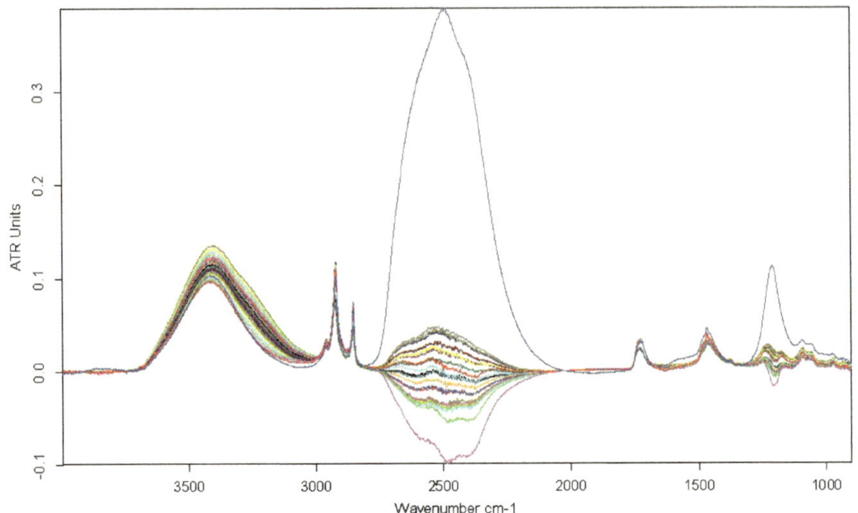

Anhang 5: *IR-Spektrum einer Temperaturrampe von DPPC:F9...F9-Polymer im Verhältnis 50/1 in D₂O*

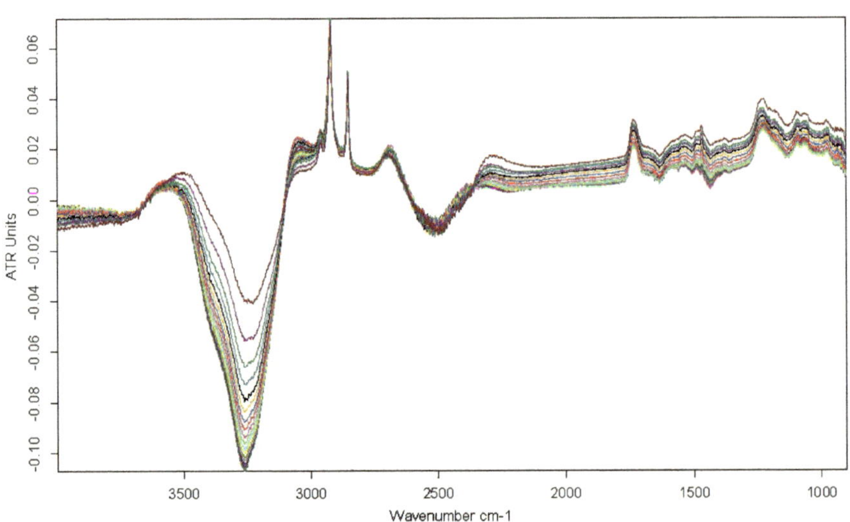

Anhang 6: *IR-Spektrum einer Temperaturrampe von DPPC:F9...F9-Polymer im Verhältnis 100/1 in D₂O*